**理論統計学教程**

吉田朋広 / 栗木 哲　編

**数理統計の枠組み**

# ノン・セミパラメトリック統計解析

西山慶彦・人見光太郎　著

共立出版

# 「理論統計学教程」編者

吉田朋広（東京大学大学院数理科学研究科）

栗木　哲（統計数理研究所数理・推論研究系）

# 「理論統計学教程」刊行に寄せて

　理論統計学は，統計推測の方法の根源にある原理を体系化するものである．その論理は普遍的であり，統計科学諸分野の発展を支える一方，近年統計学の領域の飛躍的な拡大とともに，その体系自身が大きく変貌しつつある．新たに発見された統計的現象は新しい数学による表現を必要とし，理論統計学は数理統計学にとどまらず，確率論をはじめとする数学諸分野と双方向的に影響し合い発展を続けており，分野の統合も起きている．このようなダイナミクスを呈する現代理論統計学の理解は以前と比べ一層困難になってきているといわざるをえない．統計科学の応用範囲はますます広がり，分野内外での連携も強まっているため，そのエッセンスといえる理論統計学の全体像を把握することが，統計的方法論の習得への近道であり，正しい運用と発展の前提ともなる．

　統計科学の研究を目指している方や応用を試みている方に，現代理論統計学の基礎を明瞭な言語で正確に提示し，最前線に至る道筋を明らかにすることが本教程の目的である．数学的な記述は厳密かつ最短を心がけ，数学科および数理系大学院の教科書，さらには学生の方の独習に役立つよう編集する．加えて，各トピックの位置づけを常に意識し，統計学に携わる方のハンドブックとしても利用しやすいものを目指す．

　なお，各巻を (I)「数理統計の枠組み」ならびに (II)「従属性の統計理論」の二つのカテゴリーに分けた．前者では全冊を通して数理統計学と理論多変量解析を俯瞰すること，また後者では急速に発展を遂げている確率過程にまつわる統計学の系統的な教程を提示することを目的とする．

　読者諸氏の学習，研究，そして現場における実践に役立てば，編者として望外の喜びである．

編者記す

# まえがき

　統計的分析において，適当なパラメトリックモデルを想定し，そのもとで興味あるパラメータを推定すると，そのモデルが正しければ効率性の観点からは最も望ましい結果を得ることができる．しかし，誤ったモデルを当てはめてしまった場合には，分析の目的にもよるが，致命的な間違いを起こすことがある．以下に例示するが，その場合，一般には推定量は推定したい量をうまく言い当てられないことが多い．そういった問題を回避する試みの一つがノンパラメトリック法と呼ばれる方法である．

　ノンパラメトリック法では，モデルの想定をできるだけ弱めて，構造の連続性や滑らかさのみを仮定することが多い．このアプローチでは，モデルの想定の間違いによって生じる推定の誤りは少なくなるが，その代償として，一般に推定精度が低くなる．つまり，モデルの想定の強弱によって統計分析の効率性と頑健性（robustness）のトレードオフがある．$n$ をサンプルサイズとして，一般にパラメトリック推定量は $n^{-1/2}$ のオーダーで収束するが，ノンパラメトリック推定量は $n^{-1/2+\delta}(\delta > 0)$ のオーダーである．

　ノンパラメトリック法は古くから，主として検定の分野で2標本検定，無作為性の検定等で提案されていたが，1960 年代から，ノンパラメトリック法による種々の関数の推定法が開発されてきた．本書では，そのうち分布関数，密度関数や回帰関数について，一定の滑らかさのみを仮定してノンパラメトリック推定，検定を行う方法を紹介する．また，セミパラメトリックモデルと呼ばれる，それらの中間的なモデルについても解説する．

　セミパラメトリックモデルは，有限次元のパラメータとノンパラメトリックな関数の両方を未知パラメータとして含むモデルである．多くの場合，有限次元パラメータについてはパラメトリック推定量と同じ収束のオーダーをもって

いる．そのため，構造全体を完全に仮定してしまうことは危険であるが，部分的にはパラメトリックモデルで記述することが正当化され，また推定の興味がその有限次元パラメータであるような場合にはセミパラメトリックモデルは有用なモデルである．

ノンパラメトリック，パラメトリック法を問わず，推定量の分布や分散を知ることは，推定の効率性の確認や検定問題において決定的に重要である．小標本特性はよほど簡単な問題でなければ未知なので，実証分析でよく使われるやり方は，漸近理論を応用してそれらを求めることである．しかし，漸近理論の近似精度が低い場合等には使いにくく，それらをノンパラメトリックに推定するための手法は有益である．そういったアプローチにはジャックナイフ法があるが，計算量が膨大になって使いにくいことが多い．そのため，Efron (1979)は元の標本からの再抽出標本を用いるブートストラップ法を提案した．本書では，この手法に関しても概説する．

## パラメトリックモデルの特定化の誤り

仮定したパラメトリックモデルが間違っているとき，それに基づく推定量は本来意図した量とは異なる量を推定してしまっているといった理由で，意味を持たなくなることが多い．以下に，例をあげよう．

最尤法は次のような意味で最適な方法である．ある密度関数 $f_0(x)$ から無作為標本 $(X_1, \ldots, X_n)$ が得られたとする．未知パラメータベクトル $\theta$ を持つパラメトリックモデル $f(x; \theta)$, $\theta \in \Theta$ を想定したとき，最尤推定量は

$$\hat{\theta} = \arg\max_{\theta} \sum_{i=1}^{n} \log f(X_i; \theta)$$

によって定義される．$\Theta$ はパラメータがとりうる値の集合で，パラメータ空間という．「モデルが正しい」とは，

$$\exists \theta_0 \in \Theta \; s.t. \; f_0(x) = f(x; \theta_0)$$

ということである．言葉で言えば，パラメータ空間 $\Theta$ の中のある値 $\theta_0$ に対して，$f(x; \theta_0)$ が真の密度関数 $f_0(x)$ に一致するということである．このとき，

一定の正則条件が満たされれば $\hat{\theta}$ は一致性, 漸近正規性, 効率性を持つ. すなわち, 以下が成り立つ.

$$\hat{\theta} \xrightarrow{p} \theta_0$$

$$\sqrt{n}(\hat{\theta} - \theta) \xrightarrow{d} N(0, I(\theta_0)^{-1})$$

ただし, $\xrightarrow{p}$ と $\xrightarrow{d}$ はそれぞれ確率収束, 分布収束を表し,

$$I(\theta) = -\int \frac{\partial^2 \log f(x; \theta)}{\partial \theta \partial \theta^T} f(x; \theta_0) dx$$

は情報行列で, 情報行列の逆行列が一定の正則条件のもとでの漸近正規性, 一致性を持つ推定量の漸近分散の下限となる. これは不偏推定量の場合の Cramér-Rao の下限に対応する. また, それを代入した密度推定量 $f(x; \hat{\theta})$ は $f_0(x)$ の良い推定量になっている.

　もし, 仮定したパラメトリックモデルが間違っているなら, つまりパラメータ空間 $\Theta$ の中のどの $\theta$ に対しても, $f(x; \theta)$ が真の密度関数 $f_0(x)$ に一致しないなら, 最尤推定量はカルバック＝ライブラー距離を最小にする値

$$\theta_1 = \arg\min \int \log \frac{f_0(x)}{f(x; \theta)} f_0(x) dx$$

に収束する. これを疑似真値という. つまり,

$$\hat{\theta} \xrightarrow{p} \theta_1$$

である. そのとき, 程度の差こそあれ問題が生じる. 真の分布が, 正規分布ではないが左右対称で富士山のような単峰の分布であれば, 誤って正規分布をあてはめても, ある程度は真の分布に近い密度推定が得られるであろう. しかし, 真の分布が二峰の場合には, カルバック＝ライブラー距離が最小化されているという意味で最適とはいえ, 視覚的にも全く異なる密度推定の結果を与えてしまうであろう.

　別の単純な一例として, 単回帰モデルを考える. 真の構造が

$$Y_i = X_i^2 + \epsilon_i, \quad \epsilon_i | X_i \sim N(0, \sigma_\epsilon^2)$$

で, $X_i \sim N(0, \sigma_x^2)$ であるとする. この変数に, 誤って線形モデル

$$Y_i = \beta X_i + u_i$$

をあてはめて OLS 推定を行ったとき,

$$\hat{\beta} = \left(\sum X_i^2\right)^{-1}\sum X_i Y_i = \left(\sum X_i^2\right)^{-1}\sum X_i^3 + \left(\sum X_i^2\right)^{-1}\sum X_i \epsilon_i$$
$$= \left(\frac{1}{n}\sum X_i^2\right)^{-1}\frac{1}{n}\sum X_i^3 + \left(\frac{1}{n}\sum X_i^2\right)^{-1}\frac{1}{n}\sum X_i \epsilon_i$$
$$\xrightarrow{p} \sigma_x^{-2}\times 0 + \sigma_x^{-2}\times 0 = 0$$

となる. 結果, $X$ は $Y$ に影響を与えないという (間違った) 結論を得ることになる.

こういった問題を回避するのがノンパラメトリックな密度関数, 分布関数の推定である. 分布関数の推定の方が比較的扱いやすく, また離散確率変数も扱うことができるため, Kolmogorov らを中心に歴史的にはそちらの研究が先に進められてきた.

本書の構成を簡単に述べる. 第1章は連続確率変数の累積分布関数, 密度関数のノンパラメトリック推定法, 第2章は回帰関数のノンパラメトリック推定法とその統計的性質を示す. 第3章は, いくつかのセミパラメトリック回帰モデルの推定法とその漸近理論を解説する. 第4章では, パラメトリックモデルの想定が正しいかどうかを調べる特定化検定法を解説する. 上に述べたように, パラメトリックモデルが正しければ, それを使う方がノンパラメトリック推定よりも高い精度で推定できるため, まずそれを確かめてからパラメトリックモデルを推定する, というのは妥当なアプローチであろう. 第5章ではブートストラップ法を概説する.

本書の執筆の機会をくださった吉田朋広先生, 栗木哲先生には衷心より謝意を表したい. 本書は学部生や大学院修士課程の学生諸氏がノンパラメトリック, セミパラメトリックな統計手法の基本的な部分について学習するための手助けになることを念頭に置いて執筆した.

この手法を使って, 自然科学, 人文社会科学を問わず様々な研究分野においてそれぞれ応用研究が進められている. 著者の力不足でそれらを網羅すること

はできていないが，学生諸氏の学習の一助となれば幸いである．

　本書の草稿段階で，京都大学大学院経済学研究科における演習に出席し，初回の輪読に参加してくれた岩倉相雄さん，岩澤政宗さん，金燕春さん，崔庭敏さん，重田雄樹さん，柳貴英さん，吉村有博さん，二度目の輪読に参加してくれた大畠一輝さん，宜鯤さん，崔強さん，覃雷さん，西村僚介さん，早川裕太さん，三田光星さん，毛柏林さん，劉焔さんには多くの修正点の指摘をしてもらった．さらに著者の原稿を丁寧に読んでいただいたお二人の査読者からのコメントにより，内容や構成が大きく改善した．これらの方々に心より謝意を表したい．もちろん，本書に残る間違いは著者の責任である．最後に，本書の完成まで辛抱強いご支援を頂いた共立出版編集部の赤城圭氏，大越隆道氏，大谷早紀氏に深く感謝したい．

2023 年 6 月　著者一同

# 目　　次

# 第1章

# ノンパラメトリック
# 密度推定法

　連続確率変数の累積分布関数と密度関数は，その確率変数の分布に関するすべての情報を持っており，それがわかれば分布に関わるどのような量も計算できる．例えば平均，分散等のモーメント，中央値や四分位点等である．その意味で，それは統計分析において本質的に重要な課題であり，また究極の目標であると言ってよいだろう．本章は，それらの推定法とその統計的性質を紹介する．

　1.1 節では累積分布関数の推定法を概観し，1.2 節では密度関数のカーネル推定量の性質とそれにまつわるバンド幅の選択やカーネル関数に関わる問題を取り扱う．また，カーネル推定法以外の密度関数のノンパラメトリック推定法についても簡単に触れる．

## 1.1　累積分布関数のノンパラメトリック推定

　$\{X_i\}$, $i = 1, \ldots, n$ を連続な分布関数 $F(x)$ からの i.i.d. の標本とする．分布関数の最も簡単な推定量は経験分布関数

$$F_n(x) = \frac{1}{n} \sum_{i=1}^{n} 1(X_i \leq x)$$

によって与えられる．ただし，$1(X_i \le x)$ は定義関数

$$1(X_i \le x) = \begin{cases} 1, & X_i \le x \\ 0, & X_i > x \end{cases}$$

である．この推定量については2通りの見方ができる．$x$ を固定すると，$F_n(x)$ はある未知数 $F(x)$ の推定量である．一方，$x$ を固定せずに，$F_n(x)$ をある関数空間の要素 $F$ の推定量ととらえることもでき，その場合は $F_n(x)$ は確率過程である．$x$ を固定して考えると，その期待値と分散は以下のように簡単に計算できる．

$$E\left[1(X_i \le x)\right] = 1 \times P(X_i \le x) + 0 \times P(X_i > x) = P(X_i \le x) = F(x)$$

なので，

$$E\left[F_n(x)\right] = F(x)$$

が成立する．つまり $F_n(x)$ は $F(x)$ の不偏推定量である．また，$1(X_i \le x)$ は期待値が $P(X_i \le x) = F(x)$ のベルヌイ確率変数であるから，

$$Var(F_n(x)) = \frac{1}{n}F(x)\{1 - F(x)\}$$

となる．漸近的性質は以下が知られている．

[**定理 1.1（一致性）**]　各点 $x$ において，

$$F_n(x) \overset{a.s.}{\to} F(x)$$

が成り立つ．ただし，$\overset{a.s.}{\to}$ は概収束を表す．

**証明**　$\{1(X_i \le x)\}$, $i = 1, 2, \ldots, n$ は i.i.d. かつ $E[1(X_1 \le x)] = F(x)$ が存在するので Kolmogorov の大数の強法則 (S.L.L.N.) より

$$\frac{1}{n}\sum_{i=1}^{n} 1(X_i \le x) \overset{a.s.}{\to} F(x)$$

また，$F_n(x)$ は漸近的に以下の正規分布に従う．

**[定理 1.2（漸近正規性）]** 各点 $x$ において，

$$\sqrt{n}\{F_n(x) - F(x)\} \xrightarrow{d} N(0, F(x)\{1 - F(x)\})$$

が成立する．

**証明** $\{1(X_i \leq x)\}$, $i = 1, 2, \ldots, n$ は i.i.d. かつ $Var(1(X_i \leq x)) = F(x)\{1 - F(x)\} < \infty$ なので Lindeberg-Lévy の中心極限定理 (C.L.T.) より

$$\frac{1}{\sqrt{n}} \sum_{i=1}^{n} 1(X_i \leq x) - F(x) \xrightarrow{d} N(0, F(x)\{1 - F(x)\})$$

∎

一様収束とそのオーダーについて，以下の結果が知られている．

$$D_n = \sup_{-\infty < x < \infty} |F_n(x) - F(x)|$$

とおく．これは真の分布と推定量との乖離を測る指標の一つで，Kolmogorov-Smirnov 距離と呼ばれ，適合度検定に用いられる．

証明は省略するが Massart (1990) により改良された Dvoretzky, Kiefer and Wolfowitz (1956) の不等式を紹介する．

**[定理 1.3（確率不等式）]** すべての自然数 $n$ と任意の正の数 $z$ に対して

$$P(D_n > z) \leq 2\exp(-2nz^2)$$

が成立する．

**証明** 証明は Massart (1990) による． ∎

**[定理 1.4（Borel-Cantelli の補題）]** $\{A_n, n \geq 1\}$ を事象の列とし，$\sum_{n=1}^{\infty} P(A_n) < \infty$ であるとする．このとき

$$P(A_n \text{ infinitely often}) = 0$$

が成り立つ．

**証明**　すべての $k \geq 1$ について $(A_n \text{ infinitely often}) = \bigcap_{k=1}^{\infty} \bigcup_{n=k}^{\infty} A_n \subset \bigcup_{n=k}^{\infty} A_n$ なので

$$P(A_n \text{ infinitely often}) \leq P\left(\bigcup_{n=k}^{\infty} A_n\right) \leq \sum_{n=k}^{\infty} P(A_n)$$

したがって,

$$0 \leq P(A_n \text{ infinitely often}) \leq \lim_{k\to\infty} \sum_{n=k}^{\infty} P(A_n) = 0$$

∎

　ここで, $(A_n \text{ infinitely often})$ という事象は, $\bigcap_{k=1}^{\infty} \bigcup_{n=k}^{\infty} A_n$[1]であり, これらの事象が $n \to \infty$ のとき無限に頻繁に生じるということを表している. つまり, この定理は $A_n$ の確率の総和が有限なら, それらの事象が無限に頻繁に生ずる確率はゼロであることを意味している.

　確率不等式を用いると, すべての $\epsilon > 0$ に対して

$$\sum_{n=1}^{\infty} P(D_n > \epsilon) \leq 2 \sum_{n=1}^{\infty} \exp(-2n\epsilon^2) < \infty$$

が成り立つため, Borel-Cantelli の補題から, 直接以下の定理を得る.

**[定理 1.5（Glivenko-Cantelli）]**

$$D_n \xrightarrow{a.s.} 0$$

が成立する.

　次に, 重複対数の法則（law of iterated logarithm）の結果を示す.

**[定理 1.6（Chung (1949)）]**　分布関数 $F(x)$ が連続であるとき,

---

[1] $\limsup_{n\to\infty} A_n$ と書かれる.

$$P\left[\limsup_n \left(\frac{n}{2\log\log n}\right)^{1/2} \sup_y |F_n(y) - F(y)| = \frac{1}{2}\right] = 1$$

が成り立つ.

証明は Chung (1949) を参照. また, 漸近分布については以下の結果が知られている.

**[定理 1.7]**　$F(x)$ が連続であるとき, $z > 0$ として,

$$\lim_{n\to\infty} P(n^{1/2}D_n \le z) = 1 - 2\sum_{j=1}^\infty (-1)^{j+1} \exp(-2j^2 z^2)$$

が成り立つ.

この結果は Kolmogorov (1933) によって最初に示されたが, その後ほかのアプローチによる証明も試みられている（Serfling (1980), 2.1.5 項参照）.

## 1.2　密度関数のノンパラメトリック推定

同時密度関数 $f(x)$ を持つ $d$ 次元確率変数 $X$ を考える. その分布から無作為標本 $\{X_i\}$, $i = 1, \ldots, n$ が得られたとき, 密度関数を推定する問題を考える. ここでは主として $d = 1$ の場合のノンパラメトリックな密度推定量をいくつか紹介する.

### 1.2.1　ヒストグラム

説明を簡単にするために $d = 1$ の場合を考える. 左端の始点 $x_0$, 区間幅（バンド幅）$h > 0$, 区間の数 $J$ を適当に決めて,

$$[x_0, x_0 + h), [x_0 + h, x_0 + 2h), \ldots, [x_0 + (J-1)h, x_0 + Jh)$$

の各区間の中に含まれる観測値の数を数えて棒グラフにしたものをヒストグラムという. 式で書くと次のようになる. $I_k$ を $k$ 番目の区間 $[x_0 + (k-1)h, x_0 + kh)$ とする. このとき, 区間 $I_k$ に含まれる点 $x$ における密度 $f(x)$ のヒスト

グラム推定値は

$$\hat{f}(x) = \frac{\{\, I_k \text{内の観測値の個数}\,\}}{nh}$$

である．ヒストグラムは直観的で簡単であるため，データの分布を概観するには良い手法である．しかし，以下のような問題点がある．

(1) 始点 $x_0$ のとり方によって大きく印象が変わることがある．

(2) 3 変量以上では図に描くのが困難である．

(3) 各区間の端に近い点での推定値は良くないかもしれない．

(4) 連続でない（微分できない；微分はほとんど至るところゼロになる）．

(5) 区間幅 $h$ の選び方でヒストグラムは大きく変わることがある．

## 1.2.2　Naive Estimator (NE)

ヒストグラムの問題点 (1), (3) に対処した推定量が Naive Estimator (NE) である．ヒストグラムでは先に区間を決めてしまうが，NE は各 $x$ ごとに異なる区間の中に含まれる観測値の数を数える．つまり，ヒストグラムと違って区間の位置を固定せず，右端も含めることにして[2]

$$\hat{f}(x) = \frac{\{\, [x - \frac{h}{2}, x + \frac{h}{2}] \text{内の観測値の個数}\,\}}{nh}$$

によって定義される．この推定量は，$x$ の左右 $h/2$ の区間に入っている観測値の数を数えて密度の推定値を作っているので，$h$ を小さくすると $x$ のすぐ近くの観測値のみ用いることになり，逆に $h$ を大きくすると $x$ から離れた観測値も用いることになる．大きい $h$ では，当然使われるデータ数が増えるので分散が小さくなるが，$x$ から離れた値を $f(x)$ の推定に用いることになってしまい，それがバイアスの増加となって現れる．逆に $h$ を小さくとると，バイアスは小さくなるがデータ数が減るために分散が上昇する．つまり，$h$ の大小によってバイアスと分散のトレードオフが生ずる．

この推定量は，次のように書き換えられる．

---

[2]　連続確率変数は 1 点の値をとる確率がゼロなので，右端を含めても含めなくても同じである．

$$\hat{f}(x) = \frac{1}{nh} \sum_{i=1}^{n} 1 \left( x - \frac{h}{2} \le X_i \le x + \frac{h}{2} \right)$$

$$= \frac{1}{nh} \sum_{i=1}^{n} 1 \left( -\frac{1}{2} \le \frac{X_i - x}{h} \le \frac{1}{2} \right)$$

$$= \frac{1}{nh} \sum_{i=1}^{n} 1 \left( \left| \frac{X_i - x}{h} \right| \le \frac{1}{2} \right) = \frac{1}{n} \sum_{i=1}^{n} \frac{1}{h} w \left( \frac{x - X_i}{h} \right)$$

ただし

$$w(u) = \begin{cases} 1 & \text{if } |u| \le \frac{1}{2} \\ 0 & \text{if } |u| > \frac{1}{2} \end{cases}$$

この推定量は上述 (1), (3) の問題点を解消しているが，(4) は残っている．これを解決する試みが次に紹介するカーネル推定量である．

### 1.2.3 カーネル密度推定量

NE を一般化して，

$$\int K(u)du = 1, \ K(u) = K(-u)$$

を満たす関数 $K(u)$ を用いた

$$\hat{f}(x) = \frac{1}{nh} \sum_{i=1}^{n} K \left( \frac{x - X_i}{h} \right) \tag{1.1}$$

をカーネル密度推定量という．また，Parzen (1962) と Rosenblatt (1956) によって広く知られるようになったので Parzen-Rosenblatt 推定量とも呼ばれる．言うまでもなく，NE は $K(u) = w(u)$ とした特殊ケースである．$h$ はバンド幅，平滑化パラメータなどと呼ばれ，$K(u)$ はカーネル関数と呼ばれる．滑らかなカーネル関数を使うことで (4) が解決できる．カーネル推定量は原理的に NE と同じであるため，$h$ の選択によって NE と全く同様のバイアスと分散のトレードオフが起こる．

$d$ 次元のカーネル密度推定量は (1.1) の自然な拡張として

$$\hat{f}(x_1, x_2, \ldots, x_d) = \frac{1}{nh_1 h_2 \cdots h_d} \sum_{i=1}^{n} K\left(\frac{x_1 - X_{1i}}{h_1}, \frac{x_2 - X_{2i}}{h_2}, \ldots, \frac{x_d - X_{di}}{h_d}\right)$$

によって与えられる（1.2.8 項を参照）.

　観測データが i.i.d. なので，$d = 1$ のとき，簡単な計算から以下のように
カーネル密度推定量の期待値と分散を計算することができる.

$$E\left[\hat{f}(x)\right] = E\left[\frac{1}{h} K\left(\frac{x - X_1}{h}\right)\right] = E\left[\frac{1}{h} K\left(\frac{X_1 - x}{h}\right)\right]$$

$$= \int \frac{1}{h} K\left(\frac{y - x}{h}\right) f(y) dy = \int K(u) f(x + hu) du \qquad (1.2)$$

$$Var(\hat{f}(x)) = \frac{1}{n}\left[E\left[\left\{\frac{1}{h} K\left(\frac{x - X_1}{h}\right)\right\}^2\right] - \{E[\hat{f}(x)]\}^2\right]$$

$$= \frac{1}{n}\left[\frac{1}{h^2}\int K\left(\frac{y - x}{h}\right)^2 f(y) dy - \{E[\hat{f}(x)]\}^2\right]$$

$$= \frac{1}{nh}\int K(u)^2 f(x + hu) du - \frac{1}{n}\left[\int K(u) f(x + hu) du\right]^2 \qquad (1.3)$$

$d \geq 2$ であっても，同様の計算ができる.

## 1.2.4　カーネル密度推定量の漸近的性質

　$d = 1$ の場合のカーネル推定量の漸近的な性質を見ていく. カーネル密度推
定量の平均と分散を評価するために以下の補題を準備する.

**[補題 1.8（有界収束定理（dominated convergence theorem））]**

　$g_n(x)$ を $S$ 上で定義された関数とし，$g_n(x) \to g(x)$ であるとする. また，
$x \in S$ に対して $|g_n(x)| \leq m(x)$，$\int_S m(x) dx < \infty$ を満たす関数 $m(x)$ がある
とき，

$$\lim_{n \to \infty} \int_S g_n(x) dx = \int_S g(x) dx$$

が成り立つ.

**[補題 1.9（カーネルのウェイトつき積分）]**　以下の (i)-(iv) を仮定する.

(i) $\int |K(u)|du < \infty$

(ii) $|u| \to \infty$ のとき $|uK(u)| \to 0$

(iii) $\sup |K(u)| < \infty$

(iv) 関数 $g(x)$ は $\int |g(x)|dx < \infty$ を満たす.

　このとき, $x$ を関数 $g(\cdot)$ の連続点かつサポートの内点として, $h \to 0$ で

$$\int \frac{1}{h} K\left(\frac{x-y}{h}\right)^p g(y)dy \to g(x) \int K(u)^p du$$

が成立する. ただし, $p$ は自然数とする. また, もし関数 $g$ が一様連続なら, この収束も一様である.

**証明**　変数変換により

$$\int \frac{1}{h} K\left(\frac{x-y}{h}\right)^p g(y)dy - g(x) \int K(u)^p du$$

$$= \int \frac{1}{h} K\left(\frac{z}{h}\right)^p g(x-z)dz - g(x) \int \frac{1}{h} K\left(\frac{z}{h}\right)^p dz$$

$$= \int \{g(x-z) - g(x)\} \frac{1}{h} K\left(\frac{z}{h}\right)^p dz$$

$\delta > 0$ として, 積分範囲を $|z| > \delta$ と $|z| \le \delta$ の部分に分けると, 最後の表現の絶対値は次のように押さえられる.

$$\left| \int \{g(x-z) - g(x)\} \frac{1}{h} K\left(\frac{z}{h}\right)^p dz \right|$$

$$\le \int |g(x-z) - g(x)| \frac{1}{h} \left| K\left(\frac{z}{h}\right) \right|^p dz \qquad (1.4)$$

$$\le \max_{|z| \le \delta} |g(x-z) - g(x)| \int_{|u| \le \delta/h} |K(u)|^p du$$

$$+ \int_{|z| > \delta} \left| \frac{g(x-z)}{z} \right| \left| \frac{z}{h} K\left(\frac{z}{h}\right)^p \right| dz$$

$$+ |g(x)| \int_{|z| > \delta} \left| \frac{1}{h} K\left(\frac{z}{h}\right)^p \right| dz \qquad (1.5)$$

ここで, (i), (iii) の仮定から

$$\int_{|u| \leq \delta/h} |K(u)|^p du \leq \int |K(u)|^p du$$

$$\leq (\sup |K(u)|)^{p-1} \int |K(u)| du$$

$$< \infty$$

なので，(1.5) の右辺第一項の積分は有界である．$x$ は関数 $g(\cdot)$ の連続点なので，$\delta$ を十分に小さく選ぶことによって，$\max_{|z| \leq \delta} |g(x-z) - g(x)|$ を任意に小さくすることが可能である．

(1.5) の右辺第二項については

$$\int_{|z|>\delta} \left| \frac{g(x-z)}{z} \right| \left| \frac{z}{h} K\left(\frac{z}{h}\right)^p \right| dz \leq \frac{1}{\delta} \sup_{|u|>\delta/h} |uK(u)| \sup |K(u)|^{p-1} \int |g(z)| dz$$

が成立するため，(ii), (iii), (iv) を用いると $h \to 0$ のとき $0$ に収束することがわかる．(1.5) の右辺第三項の積分は (i) と (iii) より，$h \to 0$ のとき

$$\int_{|z|>\delta} \left| \frac{1}{h} K\left(\frac{z}{h}\right)^p \right| dz = \int_{|u|>\delta/h} |K(u)^p| du$$

$$\leq (\sup |K(u)|)^{p-1} \int_{|u|>\delta/h} |K(u)| du$$

$$\to 0$$

が成立する．

右辺第一項は関数 $g$ が一様連続なら一様に収束し，右辺第二項は $x$ に依存しない．$g$ は一様連続で絶対可積分なので，有界である．したがって，第三項の積分も $x$ の値にかかわらず一様に収束するので，$g$ が一様連続なら $\int \frac{1}{h} K\left(\frac{x-y}{h}\right)^p g(y) dy$ は $g(x) \int K(u)^p du$ に一様に収束する． ∎

補題 1.9 を用いると，カーネル推定量の期待値と分散の収束とそのオーダーに関する結果が得られる．推定量の漸近的性質を調べるために，カーネル関数について以下の仮定を導入する．

(K-i)    $\int K(u) du = 1,\ \int |K(u)| du < \infty$

(K-ii)    $|u| \to \infty$ のとき $|uK(u)| \to 0$

(K-iii)    $\sup |K(u)| < \infty$

(K-iv)    $K(u) = K(-u)$

(K-v)　　$\int u^2 |K(u)| du < \infty$

(K-vi)　　$K(u)$ のサポート $[a,b]$ を $a = u_0 < u_1 < \cdots < u_M = b$ によって分
割する．ただし，$a = -\infty$, $b = \infty$ でも構わない．$K(u)$ の全変動
を $\mu = \sup_{u_0,\ldots,u_M} \sum_m |K(u_{m+1}) - K(u_m)|$ として，$\mu < \infty$[3]であ
る．

(K-vii)　$K(u)$ の特性関数を $\psi(t) = \int \exp(itu) K(u) du$ とする．$\psi(t)$ は絶
対可積分である．

実証分析では，上の仮定を満たすカーネル関数として何らかの密度関数を用
いることが多い．これにより，$\hat{f}(x)$ は非負で，積分して1になることが保証
される．ただし，後で述べるように負の値をとりうるカーネル関数をうまく使
うことによって統計的性質の改善が可能なため，ここでは必ずしも $K(u) \geq 0$
を仮定しない．(K-iii) と (K-v) が成り立てば，(K-i) の二つ目の条件は成立す
る．また，密度関数について，以下の仮定を考える．

(f-i)　　$f(x)$ は一様連続である．

(f-ii)　　$f(x)$ は2階微分可能で，$f'(x)$, $f''(x)$ は一様に有界である．

以上の仮定をすべて同時に用いることはなく，必要に応じて仮定する．以下
の定理の証明において，$C \in (0, \infty)$ は適当な定数である．

**[定理 1.10（カーネル推定量の期待値）]**　カーネル関数 $K$ が (K-i), (K-ii),
(K-iii) を満たすとき，$x$ を $f(\cdot)$ の連続点かつサポートの内点とすると，$h \to$
0 のとき

$$E\left[\hat{f}(x)\right] \to f(x)$$

が成立する．もし (f-i) が満たされれば，一様収束

$$\sup_x \left| E\left[\hat{f}(x)\right] - f(x) \right| \to 0$$

が成り立つ．さらに，(K-iv), (K-v), (f-ii) の仮定が満たされれば，

---

[3]　$K(u)$ が微分可能なとき，$\mu = \int |K'(u)| du$ である．

$$E\left[\hat{f}(x)\right] = f(x) + \frac{h^2}{2}\mu_2 f''(x) + o(h^2) \tag{1.6}$$

が成り立つ. ただし $\mu_2 = \int u^2 K(u)du$ で, (K-v) より有界である.

**証明** i.i.d. の仮定と補題 1.9 を用いると,

$$E\left[\hat{f}(x)\right] = E\left[\frac{1}{h}K\left(\frac{x-X_1}{h}\right)\right] = \int \frac{1}{h}K\left(\frac{x-y}{h}\right)f(y)dy$$
$$\to f(x)$$

を得る. なお, $f(\cdot)$ が一様連続ならば, この収束は一様である.

定理の後半の結果は, 以下のように示される. (1.2) の右辺を $h = 0$ のまわりでテイラー展開すると, $\lambda \in [0,1]$ について

$$\begin{aligned}
E\left[\hat{f}(x)\right] &= \int K(u)f(x+hu)du \\
&= \int K(u)\left\{f(x) + huf'(x) + \frac{(hu)^2}{2}f''(x+\lambda hu)\right\}du \tag{1.7} \\
&= f(x) + \frac{h^2}{2}\int u^2 K(u)f''(x+\lambda hu)du
\end{aligned}$$

最後の等号は仮定 (K-iv) の対称性による. 仮定 (f-ii) より $|f''(x + \lambda hu)| < M < \infty$ となる $M$ が存在するため

$$|u^2 K(u)f''(x+\lambda hu)| \leq Mu^2|K(u)|$$

となる. また $u^2|K(u)|$ は仮定 (K-v) より可積分である. さらに, ほとんど至るところで

$$u^2 K(u)f''(x+\lambda hu) \to u^2 K(u)f''(x)$$

であるから, 補題 1.8 より

$$\int u^2 K(u)f''(x+\lambda hu)du \to \int u^2 K(u)f''(x)du = \mu_2 f''(x) \tag{1.8}$$

となる. したがって,

$$E\left[\hat{f}(x)\right] = f(x) + \frac{h^2}{2}\mu_2 f''(x) + o(h^2) \tag{1.9}$$

を得る. ∎

次に以下の定理で $\hat{f}(x)$ の分散を評価する.

**[定理 1.11（カーネル推定量の分散）]** (K-i)-(K-iii) を仮定する. $x$ を $f(\cdot)$ の連続点かつサポートの内点として, $h \to 0$ ならば,

$$nh\,Var(\hat{f}(x)) \to \kappa f(x)$$

である. ただし, $\kappa = \int K(u)^2 du$ とする. もし (f-i) が満たされれば, 一様収束

$$\sup_x |nh\,Var(\hat{f}(x)) - \kappa f(x)| \to 0$$

が成り立つ.

**証明**  まず仮定 (K-i), (K-iii) より, $\kappa = \int K(u)^2 du < \infty$ である. i.i.d. の仮定より,

$$Var(\hat{f}(x)) = \frac{1}{n}\left[E\left[\left\{\frac{1}{h}K\left(\frac{x-X_1}{h}\right)\right\}^2\right] - \{E[\hat{f}(x)]\}^2\right] \tag{1.10}$$

であり, したがって,

$$nh\,Var(\hat{f}(x)) = hE\left[\left\{\frac{1}{h}K\left(\frac{x-X_1}{h}\right)\right\}^2\right] - h\{E[\hat{f}(x)]\}^2$$

となる. (K-i)-(K-iii) が満たされているので, 定理 1.10 から, $h \to 0$ のとき $E[\hat{f}(x)] \to f(x)$ である. したがって, 右辺第二項はゼロに収束する. 右辺第一項は補題 1.9 より

$$hE\left[\left\{\frac{1}{h}K\left(\frac{x-X_1}{h}\right)\right\}^2\right] = \frac{1}{h}\int K\left(\frac{x-y}{h}\right)^2 f(y)dy$$

$$\to f(x)\int K(u)^2 du = \kappa f(x) \tag{1.11}$$

となる. よって,

$$nh\ Var(\hat{f}(x)) \to \kappa f(x)$$

が成立する. 補題 1.9 により, $f(x)$ が一様連続ならば, この収束も一様である.∎

定理 1.10, 定理 1.11 の結果は任意の自然数 $n$ について成り立ち, $h \to 0$ のときの漸近的性質と理解できるが, 通常通り $n \to \infty$ の場合を考えれば, $\hat{f}(x)$ の平均二乗収束が証明される. まず, カーネル推定量の平均二乗誤差をバイアスと分散に分解して

$$\begin{aligned}
MSE(\hat{f}(x)) &= E[\{\hat{f}(x) - f(x)\}^2] \\
&= Var(\hat{f}(x)) + \{E[\hat{f}(x)] - f(x)\}^2 \\
&= \frac{1}{nh}[nh\ Var(\hat{f}(x))] + \{E[\hat{f}(x)] - f(x)\}^2
\end{aligned}$$

である. これを用いると, 以下の定理が成り立つ.

**[定理 1.12 (平均二乗収束, 確率収束)]** (K-i)-(K-v) を仮定する. $x$ が $f$ の連続点かつサポートの内点であり, $n \to \infty$ のとき $h \to 0$, $nh \to \infty$ ならば,

$$MSE(\hat{f}(x)) \to 0 \tag{1.12}$$

である. したがって,

$$\hat{f}(x) \xrightarrow{p} f(x)$$

も成り立つ. さらに, もし $f(\cdot)$ が一様連続なら

$$\sup_x MSE(\hat{f}(x)) \to 0 \tag{1.13}$$

となる.

さらに, (f-ii) が成り立てば,

$$MSE(\hat{f}(x)) = E[\{\hat{f}(x) - f(x)\}^2]$$
$$= \frac{1}{4}h^4\mu_2^2 f''(x)^2 + \frac{\kappa f(x)}{nh} + o(h^4) + O\left(\frac{1}{n}\right) \tag{1.14}$$

が得られる.

**証明**  (1.12) と (1.13) の証明は定理 1.10, 定理 1.11 および $h \to 0$, $nh \to \infty$ の仮定より明らかである. (1.14) は以下のように示される. (f-ii) のもとで,

$$E\left[\left\{\frac{1}{h}K\left(\frac{x - X_1}{h}\right)\right\}^2\right]$$
$$= \int \frac{1}{h^2}K\left(\frac{y-x}{h}\right)^2 f(y)dy$$
$$= \frac{1}{h}\int K(u)^2 f(x + hu)du$$
$$= \frac{1}{h}\int K(u)^2\left\{f(x) + huf'(x) + \frac{(hu)^2}{2}f''(x + \lambda hu)\right\}du$$
$$= \frac{1}{h}\kappa f(x) + \frac{h}{2}\int u^2 K(u)^2 f''(x + \lambda hu)du$$
$$= \frac{1}{h}\kappa f(x) + O(h) \tag{1.15}$$

が得られる. 最後の等号は, (f-ii), (K-iii), (K-v) と補題 1.8 を用いた. (1.10) に (1.9), (1.15) を代入して

$$Var(\hat{f}(x)) = \frac{\kappa f(x)}{nh} + O\left(\frac{1}{n}\right) \tag{1.16}$$

を得る. 最後に, (1.6) と合わせると (1.14) が示される.∎

(1.13) が成立したとしても, 一様確率収束

$$\sup_x |\hat{f}(x) - f(x)| \xrightarrow{p} 0$$

を主張することはできないが, 条件を強めれば以下のようにしてこの結果を証明することができる.

**[定理 1.13（一様収束）]**　(K-i)-(K-v), (K-vii) と (f-ii) を仮定し，$x$ を $f$ の連続点かつサポートの内点とする．$n \to \infty$ のとき $nh^2 \to \infty$ ならば，

$$\sup_x |\hat{f}(x) - f(x)| \xrightarrow{p} 0$$

が成り立つ．

**証明**　三角不等式により，

$$\sup_x |\hat{f}(x) - f(x)| \leq \sup_x |\hat{f}(x) - E[\hat{f}(x)]| + \sup_x |E[\hat{f}(x)] - f(x)| \quad (1.17)$$

である．第二項は，$\lambda \in [0,1]$，$\tilde{x} = \lambda x + (1-\lambda)(x - hu)$ とすると，テイラー展開によって

$$f(x - hu) = f(x) - huf'(x) + \frac{h^2 u^2}{2} f''(\tilde{x})$$

と書けるので，仮定 (K-i)-(K-iii), (f-ii) より，$h \to 0$ のとき

$$
\begin{aligned}
\sup_x |E[\hat{f}(x)] - f(x)| &= \sup_x \left| \frac{1}{h} E\left[ K\left( \frac{x - X_1}{h} \right) \right] - f(x) \right| \\
&= \sup_x \left| \int K(u)\{f(x - hu) - f(x)\} du \right| \\
&= \sup_x \left| \int K(u) \left\{ -huf'(x) + \frac{h^2 u^2}{2} f''(\tilde{x}) \right\} du \right| \\
&\leq \frac{h^2}{2} \int u^2 K(u) du \, \sup_x |f''(x)| \\
&= O(h^2) \quad (1.18)
\end{aligned}
$$

となる．次に，仮定 (K-vii) より，逆フーリエ変換の存在が保証され，

$$K(u) = \frac{1}{2\pi} \int \exp(-itu) \psi(t) dt$$

と表すことができる．したがって，

$$\hat{f}(x) = \frac{1}{nh} \sum_{j=1}^{n} K\left(\frac{x - X_j}{h}\right)$$

$$= \frac{1}{nh} \sum_{j=1}^{n} \frac{1}{2\pi} \int \exp\left\{-\frac{it(x - X_j)}{h}\right\} \psi(t) dt$$

$$= \frac{1}{2\pi} \int \left[\left\{\frac{1}{nh} \sum_{j=1}^{n} \exp\left(\frac{itX_j}{h}\right)\right\} \exp\left(\frac{-itx}{h}\right) \psi(t)\right] dt$$

$$= \frac{1}{2\pi} \int \left[\left\{\frac{1}{n} \sum_{j=1}^{n} \exp(isX_j)\right\} \exp(-isx) \psi(hs)\right] ds$$

$$= \frac{1}{2\pi} \int \exp(-isx) \hat{\phi}(s) \psi(hs) ds \qquad (1.19)$$

を得る．ただし，$\hat{\phi}(s) = \frac{1}{n} \sum_{j=1}^{n} \exp(isX_j)$ は $\phi(t) = E[\exp(itX_1)]$ の推定量で，経験特性関数と呼ばれる．i.i.d. の仮定から，

$$E[\hat{\phi}(s)] = \frac{1}{n} \sum_{j=1}^{n} E[\exp(isX_j)] = \phi(s)$$

であるため，上の表現を用いると

$$E[\hat{f}(x)] = \frac{1}{2\pi} \int \exp(-isx) \phi(s) \psi(hs) ds$$

である．したがって，$|\exp(-isx)| = 1$ に注意して，

$$\sup_x |\hat{f}(x) - E[\hat{f}(x)]| = \sup_x \left|\frac{1}{2\pi} \int \exp(-isx)\{\hat{\phi}(s) - \phi(s)\} \psi(hs) ds\right|$$

$$\leq \sup_x \frac{1}{2\pi} \int |\hat{\phi}(s) - \phi(s)| \, |\psi(hs)| ds$$

$$= \frac{1}{2\pi} \int |\hat{\phi}(s) - \phi(s)| \, |\psi(hs)| ds$$

を得る．なお，3 行目の等号は，2 行目の右辺が $x$ に依存しないためである．ここで，

$$E|\hat{\phi}(s) - \phi(s)| = E\left|\frac{1}{n}\sum_{j=1}^{n}\{\exp(itX_j) - E\exp(itX_1)\}\right|$$

$$= E\left|\frac{1}{n}\sum_{j=1}^{n}\{\cos(tX_j) - E\cos(tX_1)\}\right.$$

$$\left. +\frac{i}{n}\sum_{j=1}^{n}\{\sin(tX_j) - E\sin(tX_1)\}\right|$$

$$= E\{(Z_1^2 + Z_2^2)^{1/2}\}$$

$$\leq \{E(Z_1^2) + E(Z_2^2)\}^{1/2}$$

$$= \left\{Var\left(\frac{1}{n}\sum_{j=1}^{n}\cos(tX_j)\right) + Var\left(\frac{1}{n}\sum_{j=1}^{n}\sin(tX_j)\right)\right\}^{1/2}$$

$$= \left\{\frac{1}{n}Var\{\cos(tX_1)\} + Var\{\sin(tX_1)\}\right\}^{1/2}$$

$$\leq \left\{\frac{1}{n}E\{\cos(tX_1)^2\} + E\{\sin(tX_1)^2\}\right\}^{1/2}$$

$$\leq \frac{1}{\sqrt{n}}$$

ただし,

$$Z_1 = \frac{1}{n}\sum_{j=1}^{n}\{\cos(tX_j) - E\cos(tX_1)\}$$

$$Z_2 = \frac{1}{n}\sum_{j=1}^{n}\{\sin(tX_j) - E\sin(tX_1)\}$$

である. したがって, $nh^2 \to \infty$ を用いて

$$E\sup_x|\hat{f}(x) - E[\hat{f}(x)]| \leq \frac{1}{2\pi\sqrt{n}}\int|\psi(hs)|ds = \frac{1}{2\pi\sqrt{n}h}\int|\psi(t)|dt \to 0$$

が成り立つ.

以上から,

$$\sup_x|\hat{f}(x) - f(x)| \xrightarrow{p} 0$$

を得る.

この定理では，カーネル関数の特性関数が絶対可積分であるという仮定を用いた．正規密度その他，この仮定を満たすカーネル関数は多いが，例えば一様分布の密度関数はこの仮定を満たさない．

次に一様収束のオーダーの結果を紹介する．

定理 1.6 の結果を使うと，収束のオーダーについて以下の結果が得られる．

**[定理 1.14（一様収束の速度 (II)）]**　仮定 (K-i)-(K-vi), (f-ii) を満たし，$x$ が $f$ のサポートの内点だとする．バンド幅 $h > 0$ について，$h = C(\log \log n / n)^{1/6}$ であるとき，

$$\sup_x |\hat{f}(x) - f(x)| = O\left(\left(\frac{\log \log n}{n}\right)^{1/3}\right) \quad a.s.$$

が成立する．

**証明**　定理 1.13 と同様に (1.17) と分解すると，第二項については (1.18) が成立する．第一項は

$$
\begin{aligned}
\sup_x &|\hat{f}(x) - E\hat{f}(x)| \\
&= \sup_x \left| \frac{1}{nh} \sum_{i=1}^n K\left(\frac{x - X_i}{h}\right) - \frac{1}{h} EK\left(\frac{x - X_1}{h}\right) \right| \\
&= \frac{1}{h} \sup_x \left| \int K\left(\frac{x - y}{h}\right) dF_n(y) - \int K\left(\frac{x - y}{h}\right) dF(y) \right| \\
&= \frac{1}{h} \sup_x \left| \left[ K\left(\frac{x - y}{h}\right) \{F_n(y) - F(y)\} \right]_{-\infty}^{\infty} - \int \{F_n(y) - F(y)\} dK\left(\frac{x - y}{h}\right) \right| \\
&= \frac{1}{h} \sup_x \left| \int \{F_n(y) - F(y)\} dK\left(\frac{x - y}{h}\right) \right| \\
&\leq \frac{\mu}{h} \sup_y |F_n(y) - F(y)| \\
&= O\left(\left(\frac{\log \log n}{nh^2}\right)^{1/2}\right) \quad a.s. \tag{1.20}
\end{aligned}
$$

となる[4]．以上から，$h = C(\frac{\log \log n}{n})^{\frac{1}{6}}$ のとき $\sup_x |\hat{f}(x) - f(x)|$ のオーダーが

---

[4]　この証明において，例えばカーネル関数が一様分布 $U(-1/2, 1/2)$ の密度関数のとき，全変動の定義より $\mu = 2$ である．

最小となり，

$$\sup_x |\hat{f}(x) - f(x)| = O\left(\left(\frac{\log\log n}{n}\right)^{\frac{1}{3}}\right)$$

を得る.  ∎

　さらに精密な収束のバウンドについても研究がなされている．例えば Gine and Guillou (2002) は一定の条件下で次の結果を示している.

$$\limsup \left(\frac{nh}{\log h^{-1}}\right)^{1/2} \sup_x |\hat{f}(x) - E[\hat{f}(x)]| \le \{2\|f\|_\infty \int K(u)^2 du\}^{1/2} \ a.s.$$

この結果からわかるように，定理 1.13，定理 1.14 は達成しうる最良のバウンドを与えているわけではない.

　次に，カーネル推定量に関する中心極限定理を述べる．$x$ をある固定された点とする.

**[定理 1.15（漸近正規性 (I)）]**　(K-i)-(K-iii), (f-i) を仮定する．$x$ を $f$ のサポートの内点とすると，バンド幅 $h > 0$ について，$n \to \infty$ のとき $nh \to \infty$ ならば，

$$\sqrt{nh}\{\hat{f}(x) - E\hat{f}(x)\} \xrightarrow{d} N(0, \kappa f(x))$$

が成立する.

**証明**　三角配列（triangular array）に関するリアプノフの中心極限定理（例えば，Billingsley (1995)，定理 27.3 を参照）を用いる．表現を簡単にするために，$K_{ni} = \frac{1}{h}K(\frac{x-X_i}{h})$, $v_{ni} = \frac{K_{ni} - E[K_{ni}]}{\sqrt{n Var(K_{ni})}}$ とおく．$K_{ni}, v_{ni}$ はバンド幅 $h$ を通じて $n$ に依存しているため，添え字 $n$ をつけて三角配列であることをはっきりさせておく．(1.16) の結果を用いると，

$$\sqrt{nh}\{\hat{f}(x) - E\hat{f}(x)\} = \sqrt{nh\ Var(\hat{f}(x))}\frac{\{\hat{f}(x) - E[\hat{f}(x)]\}}{\sqrt{Var(\hat{f}(x))}}$$

$$= \sqrt{\kappa f(x) + O(h)}\sum_{i=1}^{n} v_{ni}$$

と書ける. $v_{ni}$ の構成より,

$$E[v_{ni}] = 0$$

$$Var\left(\sum_{i=1}^{n} v_{ni}\right) = \sum_{i=1}^{n} Var(v_{ni}) = 1$$

である. また, 補題 1.9 より

$$E[K_{n1}] = E\left[\frac{1}{h}K\left(\frac{x - X_1}{h}\right)\right] \to f(x)$$

であることを用いると, (1.11) で示したように, $h \to 0$ のとき

$$h\ Var(K_{n1}) \to \kappa f(x) \tag{1.21}$$

となる. リアプノフ条件を調べると,

$$\sum_{i=1}^{n} E\left[|v_{ni}|^{2+\delta}\right]$$

$$= \frac{1}{\{n\ Var(K_{n1})\}^{1+\frac{\delta}{2}}}\sum_{i=1}^{n} E\left[|K_{ni} - E[K_{ni}]|^{2+\delta}\right]$$

$$= \frac{1}{n^{\frac{\delta}{2}}\{Var(K_{n1})\}^{1+\frac{\delta}{2}}}E\left[|K_{n1} - E[K_{n1}]|^{2+\delta}\right]$$

$$= \frac{1}{(nh)^{\frac{\delta}{2}}\{h\ Var(K_{n1})\}^{1+\frac{\delta}{2}}}\frac{1}{h}E\left[\left|K\left(\frac{x - X_i}{h}\right) - E\left[K\left(\frac{x - X_i}{h}\right)\right]\right|^{2+\delta}\right]$$

$$\leq \frac{1}{(nh)^{\frac{\delta}{2}}\{h\ Var(K_{n1})\}^{1+\frac{\delta}{2}}}\frac{2^{1+\delta}}{h}E\left[\left|K\left(\frac{x - X_i}{h}\right)\right|^{2+\delta}\right]$$

$$\leq \frac{2^{1+\delta}\sup|K(u)|^{\delta}}{(nh)^{\frac{\delta}{2}}\{h\ Var(K_{n1})\}^{1+\frac{\delta}{2}}}\int\frac{1}{h}K\left(\frac{x - y}{h}\right)^{2}f(y)dy$$

$$\to 0$$

となる. 最初の不等号は $c_r$ 不等式 (例えば, Rao (1973), p.149 参照) によ

る．最後の収束は $nh \to \infty$, (K-iii), (1.21), (1.11) による．以上から，三角配列に関するリアプノフの中心極限定理によって

$$\sqrt{nh}\{\hat{f}(x) - E[\hat{f}(x)]\} \xrightarrow{d} N(0, \kappa f(x))$$

が成り立つ． ∎

**[定理 1.16（漸近正規性 (II)）]** 　定理 1.15（Asymptotic normality (I)）の条件に加えて，(K-iv), (K-v), (f-ii) を仮定する．$x$ を $f(x)$ のサポートの内点として，$n \to \infty$ のとき $nh \to \infty$, $nh^5 \to 0$ なら，

$$\sqrt{nh}\{\hat{f}(x) - f(x)\} \xrightarrow{d} N(0, \kappa f(x))$$

が成立する．

**証明**　まず，バイアス部分を取り出して

$$\sqrt{nh}\{\hat{f}(x) - f(x)\} = \sqrt{nh}\{\hat{f}(x) - E\hat{f}(x)\} + \sqrt{nh}\{E\hat{f}(x) - f(x)\}$$

と分解する．定理 1.15 より，第一項は $N(0, \kappa f(x))$ に分布収束する．

さらに，仮定 (K-iv), (K-v), (f-ii) のもとで (1.6) が成り立つので，

$$\sqrt{nh}|E[\hat{f}(x)] - f(x)| = \sqrt{nh}\left| \int K(u) \left\{ \frac{(hu)^2}{2} f''(x) + o(h^2) \right\} du \right|$$

$$\leq \frac{C\sqrt{nh^5}}{2} \int u^2 K(u) du$$

を得る．$nh^5 \to 0$ の仮定から，これはゼロに収束し，定理の結果を得る． ∎

## 1.2.5　バンド幅の選択

　バンド幅の選択は実際にカーネル推定を行うときには厄介な問題である．一つの考え方は平均二乗誤差（mean squared error, MSE）が小さくなるように $h$ を選ぶやり方である．(1.14) におけるオーダーの大きな項

$$\frac{1}{4} h^4 \mu_2^2 f''(x)^2 + \frac{\kappa f(x)}{nh} \tag{1.22}$$

を $h$ に関して最小にするように

$$h(x)^* = c(x)n^{-1/5}, \quad c(x) = \left\{\frac{\kappa f(x)}{\mu_2^2 f''(x)^2}\right\}^{1/5}$$

とすることが考えられる. そのとき, 結果的に MSE は

$$\left[\frac{5}{4}\{\mu_2|f''(x)|\}^{2/5}\{\kappa f(x)\}^{4/5}\right]n^{-4/5} \tag{1.23}$$

となる. ただし, これはある特定の点 $x$ の推定において良い選択であって, 密度関数全体としては良いかどうかわからない. そこで, 大域的に見るために MISE (Mean Integrated Squared Error) $\int E[\{\hat{f}(x) - f(x)\}^2]dx$ のオーダーの大きい部分

$$\int\left\{\frac{1}{4}h^4\mu_2^2 f''(x)^2 + \frac{\kappa f(x)}{nh}\right\}dx \tag{1.24}$$

を小さくするように

$$h^* = c_1 n^{-\frac{1}{5}}, \quad c_1 = \left\{\frac{\kappa}{\mu_2^2 \int f''(x)^2 dx}\right\}^{1/5} \tag{1.25}$$

と選ぶことも考えられる. そのとき, MISE は

$$\left[\frac{5}{4}\left\{\mu_2^2 \int f''(x)^2 dx\right\}^{1/5}\kappa^{4/5}\right]n^{-4/5} \tag{1.26}$$

となる. MSE, MISE のいずれを最小にするにしても, 未知の関数 $f$ を含む表現であるため, そのままでは実現可能でない. そこで, プラグイン法, クロスヴァリデーション法, ブートストラップ法が提案されている. プラグイン法では, 密度関数の微分を適当な初期推定量で置き換える. 最小二乗クロスヴァリデーション法は Integrated Squared Error

$$ISE(h) = \int\{\hat{f}(x) - f(x)\}^2 dx$$
$$= \int \hat{f}(x)^2 dx - 2\int \hat{f}(x)f(x)dx + \int f(x)^2 dx$$

を最小化するようにバンド幅を決める方法である. ここで, $\hat{f}_{-i}(x) = \frac{1}{nh}\sum_{j \neq i}^{n} K\left(\frac{x-X_j}{h}\right)$ とする. これを leave-one-out カーネル密度推定量とい

う. これを使うと第二項は $\frac{1}{n}\sum_{i=1}^{n}\hat{f}_{-i}(X_i)$ で近似でき, また最後の積分 $\int f(x)^2 dx$ はバンド幅に依存しないので, $ISE(h)$ の最小化問題は

$$\int \hat{f}(x)^2 dx - 2\int \hat{f}(x)f(x)dx$$

$$\approx \frac{1}{n^2h^2}\sum_{i=1}^{n}\sum_{j=1}^{n}\int K\left(\frac{x-X_i}{h}\right)K\left(\frac{x-X_j}{h}\right)dx$$

$$-\frac{2}{n^2h}\sum_{i=1}^{n}\sum_{j\neq i}^{n}K\left(\frac{X_i-X_j}{h}\right)$$

$$\approx \frac{1}{n^2h}\sum_{i=1}^{n}\sum_{j\neq i}^{n}\left\{\frac{1}{h}\int K\left(\frac{X_i-X_j}{h}-u\right)K(u)du - 2K\left(\frac{X_i-X_j}{h}\right)\right\}$$

の最小化に帰着する. 最尤クロスヴァリデーション法では, 最尤法の考え方を用いて, 以下の近似尤度が最大になるようにバンド幅を決める.

$$LL(h) = \sum_{i=1}^{n}\log \hat{f}_{-i}(X_i)$$

ブートストラップ法によるバンド幅決定は, ブートストラップの章 (第5章) に譲る.

### 1.2.6 最適なカーネル関数

バンド幅の選択に比べて, カーネル関数の選択はあまり推定結果に影響がないことが多い. 実際, 上に示したように漸近的にはどのカーネルを用いても収束のオーダーには影響はない. (1.26) は最適なバンド幅を代入した MISE である. この定数部分を小さくするようなカーネル関数を使えば, 最終的な MISE を小さくできそうである. Epanechnikov (1969) は, これを最小化するという意味で最適なカーネル関数を導出した. それは

$$\mu_2\kappa^2 = \int u^2 K(u)du\left\{\int K(u)^2 du\right\}^2$$

の最小化と同値である. カーネル関数に標準化のための追加的な制約 $\int u^2 K(u)du = 1$ を加えて, サポートが有界な密度関数のクラスの中でこれを最小にするカーネル関数は

$$K(u) = \frac{3}{4\sqrt{5}} \left( 1 - \frac{u^2}{5} \right) 1(-\sqrt{5} \le u \le \sqrt{5})$$

であることを変分法によって示した．これを Epanechnikov カーネルという．

## 1.2.7　高次カーネル関数

1.2.4 項でも述べたように，カーネル関数に何らかの密度関数を用いることが多い．しかし，密度関数の滑らかさに応じて (1.7) のテイラー展開の次数を上げれば，高次カーネル関数を用いたバイアス低減が可能である．以下の条件を満たすカーネル関数を $p$ 次カーネル関数という．

$$\int K(u)du = 1$$

$$\int u^q K(u)du = 0, \quad q = 2, 3, \ldots, p-1$$

$$\int u^p K(u)du \neq 0, \pm\infty$$

$$\int |u^{p+1} K(u)|du < \infty$$

例えば，$p = 6$ の例は $\phi(u)$ を標準正規分布の密度関数として，

$$K(u) = \frac{1}{8}(u^4 - 10u^2 + 15)\phi(u)$$

である．密度関数が $p+1$ 回連続微分可能で $f^{(p+1)}(x)$ が有界なとき，$p$ 次カーネル関数を用いると，(1.7) と同様に

$$
\begin{aligned}
E[\hat{f}(x)] &= \int K(u)f(x+hu)du \\
&= \int K(u)\left\{ f(x) + \sum_{s=1}^{p} \frac{f^{(s)}(x)}{s!}(hu)^s + \frac{f^{(p+1)}(\tilde{x})}{(p+1)!}(hu)^{p+1} \right\} du \\
&= f(x) + \frac{h^p f^{(p)}(x)}{p!} \int u^p K(u)du + O(h^{p+1})
\end{aligned}
$$

となり，バイアスのオーダーが $h^p$ に下がることがわかる．なお，高次カーネル関数を用いても分散のオーダーは変わらない．その結果，MSE を最小にする最適バンド幅のオーダーは $n^{-\frac{1}{2p+1}}$，またそのときの MSE のオーダーは $n^{-\frac{2p}{2p+1}}$ となる．ただし，高次カーネル関数は $K(u) \geq 0$ を満たさないため，

有限標本ではある $x$ の値に対して $\hat{f}(x) < 0$ となってしまうことがある.

## 1.2.8  多変量データのカーネル密度推定

$d$ 次元 ($d \geq 2$) の確率変数ベクトルの同時密度関数も1変数と同様にカーネル推定が可能である. $K(u_1, \ldots, u_d)$ を次の条件を満たす $d$ 次元のカーネル関数とする.

$$K(u_1, \ldots, u_d) \geq 0$$

$$\int K(u_1, \ldots, u_d) du_1 \cdots du_d = 1$$

このとき,

$$\hat{f}(x_1, \ldots, x_d) = \frac{1}{nh_1 \cdots h_d} \sum_{i=1}^{n} K\left(\frac{x_1 - X_{1i}}{h_1}, \ldots, \frac{x_d - X_{di}}{h_d}\right)$$

によって同時密度関数が推定できる. 多変量のカーネル関数は, 以下のように1変量のカーネル関数の積により構成することができる.

$$\hat{f}(x_1, x_2, \ldots, x_d)$$
$$= \frac{1}{nh_1 h_2 \cdots h_d} \sum_{i=1}^{n} K\left(\frac{x_1 - X_{1i}}{h_1}\right) K\left(\frac{x_2 - X_{2i}}{h_2}\right) \cdots K\left(\frac{x_d - X_{di}}{h_d}\right)$$

簡潔であるため, 応用上はこの形のカーネル関数が用いられることが多い. 証明は省略するが, 1次元の確率変数の場合と同様に一致性を有し, さらに単純化のために $h_1 = \cdots = h_d = h$ として, $h \to 0$, $nh^d \to \infty$ の条件下で次の中心極限定理が証明される.

$$\sqrt{nh^d}\{\hat{f}(x_1, \ldots, x_d) - f(x_1, \ldots, x_d)\} \xrightarrow{d} N(0, \kappa_d f(x_1, \ldots, x_d))$$

ここで $\kappa_d$ は1変量の場合と同様に,

$$\kappa_d = \int K(u_1, \ldots, u_d)^2 du_1 \cdots du_d$$

である. $h \to 0$ なので, 変数の次元 $d$ が増えるとともに収束が遅くなることがわかる. 同じことであるが, 1変数の場合と同様に MSE を計算して最適な

バンド幅を求めると，$h^* \sim n^{-1/(4+d)}$ となり，最小化された MSE のオーダーは $n^{-4/(4+d)}$ である（例えば，Härdle et al. (2004), p.72 参照）．$d$ が大きくなると MSE が 0 に収束するスピードが遅くなることがわかる．これを次元の呪い（curse of dimensionality）という．

## 1.2.9 その他の密度関数推定法

カーネル推定法はおそらく実証分析では最もよく用いられるノンパラメトリック密度推定法であるが，その他，$k$-最近傍（$k$-nearest neighbor）推定量，級数展開を用いるシリーズ推定量などがある．それらを簡単に概観する．

$k$-最近傍推定量は，カーネル推定量と似た考え方であるが，推定したい点 $x$ に近い $k$ 個の観測値の情報を用いる．$X_{(j)}$ を $x$ から $j$ 番目に近い観測値とし，$d_j(x) = |x - X_{(j)}|$ とする．もちろん，定義から $d_1(x) \leq d_2(x) \leq \cdots \leq d_n(x)$ が成り立つ．密度関数 $f(x)$ を持つ確率変数 $X$ が $(x - r, x + r)$ の間の値をとる確率は

$$P(x - r < X < x + r) = \int_{x-r}^{x+r} f(y)dy \approx 2rf(x)$$

であるから，標本のうち $(x - r, x + r)$ の間に入る観測値の個数は $2rnf(x)$ 個程度であろう．$d_j(x)$ の定義から，$(x - d_k(x), x + d_k(x))$ の区間にデータがちょうど $k$ 個入っているので，

$$k \approx 2d_k(x)nf(x)$$

が成り立つであろう．この関係から，

$$\hat{f}(x) = \frac{k}{2d_k(x)n}$$

を密度推定とすることが考えられる．これを $k$-最近傍推定量という．$k$ が平滑化の程度を定めるパラメータになっており，一致性や漸近正規性等の性質を保証するためには $n \to \infty$ のときに $k \to \infty$ である必要がある．

ヒストグラム，カーネル推定量，$k$-最近傍推定量は，密度を推定したい点 $x$ の近くの値をとるデータを用いて $f(x)$ を推定するため，局所的推定といわれる．

次に紹介するシリーズ推定量は，局所的な情報のみでなくデータ全体を用い

て $f(x)$ を推定するため，大域的推定といわれる．密度関数 $f(x)$ は二乗可積分で，そのサポートは $[0,1]$ であるとする．$\int_0^1 \psi_j(x)\psi_k(x)dx = 1 (j = k)$ を満たす基底関数を $\psi_j(x)$, $j = 1, 2, \ldots$ とすると，フーリエ級数展開によって

$$f(x) = \sum_{j=0}^{\infty} \alpha_j \psi_j(x) \tag{1.27}$$

と書くことができる．フーリエ係数は

$$\alpha_j = \int_0^1 f(x)\psi_j(x)dx = E[\psi_j(X_1)]$$

であるから，これを

$$\hat{\alpha}_j = \frac{1}{n}\sum_{i=1}^{n} \psi_j(X_i)$$

によって一致推定することができる．(1.27) のフーリエ係数をこの推定値で置き換えて，無限和を適当に切断して，

$$\hat{f}(x) = \sum_{j=0}^{p} \hat{\alpha}_j \psi_j(x)$$

をシリーズ推定量と呼ぶ．切断点 $p$ が平滑化の程度を決め，カーネル推定におけるバンド幅と同様の役割を果たす．一致性を保証するためには，$n \to \infty$ のときに $p \to \infty$ とする必要がある．これらの推定量の詳細や漸近的性質は，例えば Prakasa Rao (1983) を参照のこと．

## 1.2.10    密度推定の不偏性と最適性

　カーネル密度推定量は上に示した通り，バンド幅を 0 に近づけていくことによって漸近的には不偏になるが，有限標本ではバイアスのある推定である．シリーズ推定の場合も無限級数を打ち切るために不偏性はなく，また $k$-最近傍推定量も不偏推定量ではない．密度関数をノンパラメトリックに不偏推定できるであろうか？　答えは否で，以下のように簡単に証明できる（Prakasa Rao (1983), p.11）．一般に $g(\cdot)$ を可測関数として，$E\{g(T_n)\} = 0$ ならば $g(T_n) = 0$ が成り立つとき，統計量 $T_n$ は完備であるという．

密度関数 $f(x)$ からの無作為標本 $\{X_1, \ldots, X_n\}$ が与えられたとする. 仮に, $f(x)$ の不偏推定量が存在すると仮定し, それを $\tilde{f}(x)$ とする. すなわち

$$E[\tilde{f}(x)] = f(x)$$

がすべての $x$ について成立する. フビニの定理より, 任意の $a, b$ について

$$E\left[\int_a^b \tilde{f}(x)dx\right] = \int_a^b f(x)dx = F(b) - F(a)$$

が成り立つ. 他方, 経験分布関数 $F_n(x)$ は $F(x) = \int_{-\infty}^x f(u)du$ の不偏推定量であるから,

$$E[F_n(b) - F_n(a)] = F(b) - F(a)$$

であり, 上の 2 式を比較すると,

$$E\left[F_n(b) - F_n(a) - \int_a^b \tilde{f}(x)dx\right] = 0$$

となる. すべての順序統計量の組 $\{X_{(1)}, \ldots, X_{(n)}\}$ は十分統計量で (Lehman and Romano (2005), p.44), またノンパラメトリックに完備である (Lehman and Romano (2005), p.118) から,

$$F_n(b) - F_n(a) - \int_a^b \tilde{f}(x)dx = 0$$

でなければならない. しかし, これは $\hat{F}(x)$ が絶対連続な関数でないことに矛盾する. したがって, $f(x)$ の不偏推定量は存在しないことが示された. さらに, 密度関数に限らずノンパラメトリックな量の不偏推定の可能性について, Prakasa Rao (1983) の 1.1–1.2 節で議論されている.

Prakasa Rao (1983) で述べられているように Wertz は一連の論文で, ミニマックスの意味での密度関数の最適推定問題を考えた. それを少し簡単化して簡潔に紹介する. $\mathcal{F}$ を $p$ 乗可積分な密度関数の集合とする. 上に述べた通り, 密度関数は普通の意味での不偏推定ができないため, 次のような定義を与える. $f, g \in \mathcal{F}$ に対して, 損失関数を

$$L_p(g, f) = \int |g(x) - f(x)|^p dx$$

とし, リスク関数を

$$R_p(\tilde{f}, f) = E_f[L_p(\tilde{f}, f)]$$

とする. すべての $f, g \in \mathcal{F}$ について

$$E_f[L_p(\tilde{f}, f)] \leq E_f[L_p(\tilde{f}, g)]$$

が成立するとき, 推定量 $\tilde{f}$ は $L$-不偏であるという. つまり, 本当の密度関数が $f$ であるときに, 上の損失の期待値の意味で $\tilde{f}$ が $f$ よりも別の密度 $g$ に近くなることはないということである.

$f$ に関して $\mathcal{F}$ 上で sup をとった最大リスクを

$$\delta_p(\tilde{f}) = \sup_{f \in \mathcal{F}} R_p(\tilde{f}, f)$$

とする. このとき,

$$\delta_2(\tilde{f}^*) \leq \delta_2(\tilde{f})$$

となる $\tilde{f}^*(x)$ が存在することが示される. 詳細は難解なため, 興味ある読者は Wertz の原典, ならびに Prakasa Rao (1983), p.147-150 によるその解説を参照されたい. また, その他のノンパラメトリック推定問題の最適性に関しては, 例えば Prakasa Rao (1983) の 1.3 節に統計的汎関数の微分を用いた解説がある. これは, セミパラメトリック推定の効率性と同じ議論であり, またそちらの方が実証的な意味合いにおいて重要であるので, 第3章に譲る.

# 第2章

# 回帰関数の
# ノンパラメトリック推定

　本章では，回帰関数のノンパラメトリック推定
問題を取り扱う．2.1 節では，最もよく用いられ
るカーネル回帰推定量を導入し，2.2 節でその統
計的性質を述べる．2.3 節では回帰関数を局所的
に多項式近似を行うことによる推定量，および大
域的に級数展開して近似することを用いる推定
量を紹介する．最後に 2.4 節では，回帰関数が変
数ごとに加法的に分解できる特殊ケースを取り扱
う．

## 2.1　Nadaraya-Watson (NW) カーネル推定量

　2 変量の無作為標本 $(Y_i, X_i)$, $i = 1, \ldots, n$ が母集団 $(Y, X)$ から得られたと
する．$Y$ を被説明変数，$X$ を説明変数とする回帰関数は $X$ が与えられた場合
の $Y$ の条件付き期待値 $m(x) = E[Y|X = x]$ と定義され，回帰モデル $y = m(x) + \epsilon$ が定まる．データに関しては

$$Y_i = m(X_i) + \epsilon_i, \quad E[\epsilon_i|X_i] = 0, \quad E[\epsilon_i^2|X_i] = \sigma^2(X_i), \quad i = 1, \ldots, n \quad (2.1)$$

と書ける．パラメトリックな統計解析では，例えば $m(x) = \beta^T x$ といった
線形関係を想定して $\beta$ を最小二乗推定する．ただし，$\beta^T$ は $\beta$ の転置である．
しかし，特定化に誤りがあると推定は意味をもたなくなる．そこで，ノンパ
ラメトリック法では $m(x)$ の形を特定せずに関数そのものを推定することを

考える．以下，単純化のために $x$ は 1 変量とする．$(Y, X)$ の同時密度関数を $f(y, x)$，$X$ の周辺密度関数を $f(x)$ とすると，回帰関数の定義は

$$m(x) = \int y f(y|x) dy = \frac{1}{f(x)} \int y f(y, x) dy$$

である．$f(x)$, $f(y, x)$ のカーネル密度推定量を

$$\hat{f}(x) = \frac{1}{nh_2} \sum_{i=1}^{n} K\left(\frac{x - X_i}{h_2}\right)$$

$$\hat{f}(y, x) = \frac{1}{nh_1 h_2} \sum_{i=1}^{n} K\left(\frac{y - Y_i}{h_1}\right) K\left(\frac{x - X_i}{h_2}\right)$$

とすると，$m(x)$ の自然な推定量は

$$\hat{m}(x) = \frac{1}{\hat{f}(x)} \int y \hat{f}(y, x) dy$$

である．対称なカーネル関数を用いれば

$$\begin{aligned}
\int y \hat{f}(y, x) dy &= \int y \frac{1}{nh_1 h_2} \sum_{i=1}^{n} K\left(\frac{y - Y_i}{h_1}\right) K\left(\frac{x - X_i}{h_2}\right) dy \\
&= \frac{1}{nh_2} \sum_{i=1}^{n} \int (Y_i + h_1 u) K(u) K\left(\frac{x - X_i}{h_2}\right) du \\
&= \frac{1}{nh_2} \sum_{i=1}^{n} K\left(\frac{x - X_i}{h_2}\right) Y_i
\end{aligned}$$

となるので，バンド幅の添え字 2 をとれば

$$\hat{m}(x) = \frac{\sum_{i=1}^{n} K\left(\frac{x - X_i}{h}\right) Y_i}{\sum_{i=1}^{n} K\left(\frac{x - X_i}{h}\right)} \tag{2.2}$$

となる．これを回帰関数の Nadaraya-Watson (NW) カーネル推定量という．これは，$w_i = K\left(\frac{x - X_i}{h}\right) / \sum_{i=1}^{n} K\left(\frac{x - X_i}{h}\right)$ とおくと

$$\hat{m}(x) = \sum_{i=1}^{n} w_i Y_i$$

と書くことができて，$\sum_{i=1}^{n} w_i = 1$ だから $Y_i$ のウェイト付き平均になっていることがわかる．なお，標準正規分布の密度関数など，通常用いられるカーネル関数では，$X_i$ の値が $x$ に近い観測個体 $i$ についてこのウェイトは大きくな

り，離れている観測個体については小さくなる．

説明変数 $X = (X_1, \ldots, X_d)$ が $d$ 次元（$d \geq 2$）の場合への自然な拡張として，$d$ 次元のカーネル関数

$$K\left(\frac{x_1 - X_{1i}}{h_1}, \frac{x_2 - X_{2i}}{h_2}, \ldots, \frac{x_d - X_{di}}{h_d}\right)$$

を用いて回帰関数 $m(X = x) = E[Y|X = x]$ を

$$\hat{m}(x) = \frac{\sum_{i=1}^{n} K\left(\frac{x_1 - X_{1i}}{h_1}, \frac{x_2 - X_{2i}}{h_2}, \ldots, \frac{x_d - X_{di}}{h_d}\right) Y_i}{\sum_{i=1}^{n} K\left(\frac{x_1 - X_{1i}}{h_1}, \frac{x_2 - X_{2i}}{h_2}, \ldots, \frac{x_d - X_{di}}{h_d}\right)} \tag{2.3}$$

によって推定することができる．

## 2.2 NW カーネル推定量の漸近的性質

説明変数が確率変数であるとき，NW カーネル推定量 (2.2) は分子，分母ともに確率変数であり，カーネル密度関数と違って，通常は小標本での厳密な期待値や分散の計算ができない．そのため，漸近的性質を調べる．基本的にはカーネル密度推定量から構成されているので，そこで導出された結果が有用である．以下，$d = 1$ の場合について証明する．

まず，期待値と分散の漸近近似の結果を示す．以下を定義する．

$$\hat{r}(x) = \frac{1}{nh} \sum_{i=1}^{n} K\left(\frac{x - X_i}{h}\right) Y_i$$

$$\hat{f}(x) = \frac{1}{nh} \sum_{i=1}^{n} K\left(\frac{x - X_i}{h}\right)$$

このとき，$\hat{m}(x) = \hat{r}(x)/\hat{f}(x)$ である．

$\hat{m}(x)$ の有限標本での期待値や分散は，カーネル密度推定量と違って確率変数を分母に持つため，少し厄介である．以下，混乱のないときは関数の引数を省略して，例えば $\hat{r}(x)$ を $\hat{r}$ などと記す．$E[\hat{m}(x)^2] < \infty$ として，簡単な変形と $\{\hat{f} - E[\hat{f}]\}/E[\hat{f}] = 0$ の近傍でのテイラー近似により

$$\hat{m} = \frac{E[\hat{r}] + \{\hat{r} - E[\hat{r}]\}}{E[\hat{f}] + \{\hat{f} - E[\hat{f}]\}}$$

$$= \frac{E[\hat{r}] + \{\hat{r} - E[\hat{r}]\}}{E[\hat{f}]} \left(1 + \frac{\hat{f} - E[\hat{f}]}{E[\hat{f}]}\right)^{-1}$$

$$= \frac{E[\hat{r}]}{E[\hat{f}]} \left(1 + \frac{\hat{f} - E[\hat{f}]}{E[\hat{f}]}\right)^{-1} + \frac{\hat{r} - E[\hat{r}]}{E[\hat{f}]} \left(1 + \frac{\hat{f} - E[\hat{f}]}{E[\hat{f}]}\right)^{-1}$$

$$\approx \frac{E[\hat{r}]}{E[\hat{f}]} + \frac{\hat{r} - E[\hat{r}]}{E[\hat{f}]} - \frac{E[\hat{r}]}{\{E[\hat{f}]\}^2}\{\hat{f} - E[\hat{f}]\} + \frac{E[\hat{r}]}{2\{E[\hat{f}]\}^3}\{\hat{f} - E[\hat{f}]\}^2$$

$$- \frac{1}{\{E[\hat{f}]\}^2}\{\hat{f} - E[\hat{f}]\}\{\hat{r} - E[\hat{r}]\} \tag{2.4}$$

となる. $r(x), f(x), \sigma^2(x)$ が十分に滑らかであるとき，この変形を用いて，期待値と分散は以下のように近似される．（証明の詳細は，例えば Pagan and Ullah (2000), p.98 を参照のこと.）(2.4) の両辺の期待値をとると

$$E[\hat{m}] \approx \frac{E[\hat{r}]}{E[\hat{f}]} + O(Var(\hat{f}) + Cov(\hat{f}, \hat{r}))$$

となる．ここで $\hat{r}$ の期待値をとると

$$E[\hat{r}] = E\left[\frac{1}{nh}\sum_{i=1}^{n} K\left(\frac{x - X_i}{h}\right)Y_i\right]$$

$$= E\left[\frac{1}{nh}\sum_{i=1}^{n} E\left[K\left(\frac{x - X_i}{h}\right)Y_i \Big| X_i\right]\right]$$

$$= E\left[\frac{1}{nh}\sum_{i=1}^{n} K\left(\frac{x - X_i}{h}\right)m(X_i)\right]$$

$$= \frac{1}{h}\int K\left(\frac{x - x_1}{h}\right)m(x_1)f(x_1)dx_1$$

$$= \int K(u)m(x + hu)f(x + hu)du$$

$$= mf + \frac{h^2}{2}\mu_2(m''f + f''m + 2f'm') + o(h^2)$$

である．また $\hat{f}$ の期待値は定理 1.10 で導出したように

$$E[\hat{f}] = E\left[\frac{1}{h}K\left(\frac{x - X_1}{h}\right)\right]$$

$$= \int K(u)f(x + hu)du$$

$$= f + \frac{h^2}{2}\mu_2 f'' + o(h^2)$$

なので

$$E[\hat{m}] = \frac{mf + \frac{h^2}{2}\mu_2(m''f + f''m + 2f'm')}{f}\left(1 + \frac{h^2\mu_2 f''}{2f}\right)^{-1}$$

$$+ o(h^2) + O\left(Var(\hat{f}) + Cov(\hat{f}, \hat{r})\right)$$

である. 定理 1.11 より

$$Var(\hat{f}) = \frac{\kappa f(x)}{nh} + O\left(\frac{1}{n}\right)$$

が成立し, また同様にして

$$Var(\hat{r}) = \kappa\frac{(m^2 + \sigma^2(x))f}{nh} + O\left(\frac{1}{n}\right)$$

$$Cov(\hat{f}, \hat{r}) = \kappa\frac{mf}{nh} + O\left(\frac{1}{n}\right)$$

が示される. 以上の結果から, $\hat{m}$ の期待値を

$$E[\hat{m}(x)] = m(x) + \frac{h^2}{2f(x)}\mu_2\{m''(x)f(x) + 2f'(x)m'(x)\} + O\left(\frac{1}{nh}\right) + o(h^2)$$

と表すことができる. 次に, $\hat{m}$ の分散を計算する. (2.4) より

$$\hat{m} - E[\hat{m}] = \frac{\hat{r} - E[\hat{r}]}{E[\hat{f}]} - \frac{E[\hat{r}]}{\{E[\hat{f}]\}^2}\{\hat{f} - E[\hat{f}]\} + O_p\left(\frac{1}{nh}\right)$$

なので,

$$Var(\hat{m}) = \frac{1}{\{E[\hat{f}]\}^2}Var(\hat{r}) + \frac{\{E[\hat{r}]\}^2}{\{E[\hat{f}]\}^4}Var(\hat{f}) - \frac{2E[\hat{r}]}{\{E[\hat{f}]\}^3}Cov(\hat{f}, \hat{r}) + o\left(\frac{1}{nh}\right)$$

これに $E[\hat{f}], E[\hat{r}], Var(\hat{f}), Var(\hat{r}), Cov(\hat{f}, \hat{r})$ を代入して $1/(nh)$ のオーダーの項までまとめると

$$Var(\hat{m}(x)) = \kappa\frac{\sigma^2(x)}{nhf(x)} + o\left(\frac{1}{nh}\right)$$

を得る.

　カーネル回帰関数推定量の一致性と漸近正規性を証明する. そのために, 以
下の仮定を用意する.

(i.i.d.)　$(Y_i, X_i)$, $i = 1, \ldots, n$ は同時密度関数 $f(y, x)$ から得られた無作為
標本とする.

(f-iii)　$X_i$ は有界な連続変数で, 周辺密度 $f(x) = \int f(y, x) dy$ はそのサ
ポート上で $f(x) \geq \delta > 0$ である.

(m-i)　$m(x)$ は $f(x)$ のサポート上で連続である.

(m-ii)　$m(x)$ は 2 階微分可能で, $m'(x)$, $m''(x)$ は $f(x)$ のサポート上で一
様連続である.

(e-i)　$\sigma^2(x) = E[\epsilon_1^2 | X_1 = x]$ は $f(x)$ のサポート上で連続である.

(e-ii)　$E[|\epsilon_1|^{2+\delta} | X_1 = x]$ は $f(x)$ のサポート上で一様連続である.

　(f-iii) と (m-i) が成り立てば, $m(x)$ は $f(x)$ のサポート上で一様連続である.
同様に, (f-iii) と (e-i) が成り立てば, $\sigma^2(x)$ は $f(x)$ のサポート上で一様連続
である.

**[定理 2.1 (一致性 (各点))]**　(K-i)-(K-iii), (i.i.d.), (f-i), (f-iii), (m-i), (e-i)
を仮定する. $x$ を $f(x)$ のサポートの内点として, $n \to \infty$ のとき $h \to 0$, $nh$
$\to \infty$ なら

$$\hat{m}(x) \xrightarrow{p} m(x)$$

が成り立つ.

**証明**　$\hat{m}(x)$ の分子は

$$E[\hat{r}(x)] = E\left[\frac{1}{nh} \sum_{i=1}^{n} K\left(\frac{x - X_i}{h}\right) Y_i\right]$$

$$= E\left[\frac{1}{nh} \sum_{i=1}^{n} K\left(\frac{x - X_i}{h}\right) m(X_i)\right]$$

$$= \int \frac{1}{h} K\left(\frac{x - z}{h}\right) m(z) f(z) dz$$

と書ける. 仮定 (f-iii), (m-i) より, $\int |m(z) f(z)| dz \leq C \int |f(z)| dz < \infty$ であ

る．(K-i)-(K-iii) より，仮定 (f-i), (m-i) のもとで補題 1.9 を用いて，

$$\int \frac{1}{h} K\left(\frac{x-z}{h}\right) m(z) f(z) dz \to m(x) f(x)$$

を得る．同様にして，$\int\{|m(z)^2 f(z)| + |\sigma^2(z) f(z)|\} dz \le C \int |f(z)| dz < \infty$ なので，(i.i.d.), (f-iii), (m-i), (e-i) から，

$nh \, Var(\hat{m}(x)\hat{f}(x))$

$$= h \, Var\left(\frac{1}{h} K\left(\frac{x-X_1}{h}\right) Y_1\right)$$

$$= h \, Var\left(\frac{1}{h} K\left(\frac{x-X_1}{h}\right) \{m(X_1) + \epsilon_1\}\right)$$

$$= h \, Var\left(\frac{1}{h} K\left(\frac{x-X_1}{h}\right) m(X_1)\right) + h \, Var\left(\frac{1}{h} K\left(\frac{x-X_1}{h}\right) \epsilon_1\right)$$

$$= h \, E\left[\frac{1}{h^2} K\left(\frac{x-X_1}{h}\right)^2 m(X_1)^2\right] - h \left(E\left[\frac{1}{h} K\left(\frac{x-X_1}{h}\right) m(X_1)\right]\right)^2$$

$$\quad + h \, E\left[\frac{1}{h^2} K\left(\frac{x-X_1}{h}\right)^2 \sigma^2(X_1)\right]$$

$$= \int \frac{1}{h} K\left(\frac{x-z}{h}\right)^2 m(z)^2 f(z) dz - h \left(\int \frac{1}{h} K\left(\frac{x-z}{h}\right) m(z) f(z) dz\right)^2$$

$$\quad + \int \frac{1}{h} K\left(\frac{x-z}{h}\right)^2 \sigma^2(z) f(z) dz$$

$$\to \{m(x)^2 + \sigma^2(x)\} f(x)$$

したがって，$nh \to \infty$ より，

$$\hat{m}(x)\hat{f}(x) \overset{m.s.}{\to} m(x) f(x)$$

を得る．ただし，$\overset{m.s.}{\to}$ は平均二乗収束を表す．また，仮定のもとで (1.12) より

$$\hat{f}(x) \overset{m.s.}{\to} f(x)$$

が成り立つ．以上から

$$\hat{m}(x) \overset{p}{\to} m(x)$$

となる．

**[定理 2.2（一様収束）]** (K-i)-(K-v), (K-vii), (i.i.d.), (m-i), (f-i), (f-ii), (f-iii) を仮定する. $x$ を $f(x)$ のサポートの内点として，$n \to \infty$ のとき $h \to 0$, $nh^2/\log\log n \to \infty$ なら，

$$\sup_x |\hat{m}(x) - m(x)| \xrightarrow{p} 0$$

が成り立つ.

**証明** 以下の関数を定義する.

$$\hat{r}(x) = \frac{1}{nh} \sum_{i=1}^{n} K\left(\frac{x - X_i}{h}\right) Y_i$$

$$\hat{k}_1(x) = f(x)^{-1} \frac{1}{nh} \sum_{i=1}^{n} K\left(\frac{x - X_i}{h}\right) \epsilon_i$$

$$\hat{k}_2(x) = f(x)^{-1} \frac{1}{nh} \sum_{i=1}^{n} \left[ K\left(\frac{x - X_i}{h}\right) \{m(X_i) - m(x)\} \right.$$
$$\left. - EK\left(\frac{x - X_1}{h}\right) \{m(X_1) - m(x)\} \right]$$

$$\hat{k}_3(x) = f(x)^{-1} \frac{1}{h} E\left[ K\left(\frac{x - X_1}{h}\right) \{m(X_1) - m(x)\} \right]$$

定理 1.13 により $\hat{f}$ は $f$ に確率 1 で一様収束し，また (f-iii) より $f(x) \geq \delta > 0$. したがって，

$$\lim_{n \to \infty} \inf \hat{f}(x) > 0 \quad a.s.$$

これを用いて，

$$\hat{m}(x) - m(x)$$
$$= \frac{\hat{r}(x) - m(x)\hat{f}(x)}{\hat{f}(x)}$$
$$= \frac{\{\hat{r}(x) - m(x)\hat{f}(x)\}/f(x)}{\hat{f}(x)/f(x)}$$
$$= \{\hat{f}(x)/f(x)\}^{-1} f(x)^{-1} \frac{1}{nh} \sum_{i=1}^{n} K\left(\frac{x - X_i}{h}\right) \{Y_i - m(x)\}$$

$$= \{\hat{f}(x)/f(x)\}^{-1} f(x)^{-1} \frac{1}{nh} \sum_{i=1}^{n} K\left(\frac{x - X_i}{h}\right) \{\epsilon_i + m(X_i) - m(x)\}$$

$$= \frac{\hat{k}_1(x) + \hat{k}_2(x) + \hat{k}_3(x)}{1 + \frac{\hat{f}(x) - f(x)}{f(x)}}$$

と書けるため,

$$\sup_x |\hat{m}(x) - m(x)| \le \frac{\sup_x |\hat{k}_1(x)| + \sup_x |\hat{k}_2(x)| + \sup_x |\hat{k}_3(x)|}{\inf_x |1 + \{\hat{f}(x) - f(x)\}/f(x)|} \qquad (2.5)$$

となる. 定理 1.13 と (f-iv) を用いて

$$\sup_x \left|\frac{\hat{f}(x) - f(x)}{f(x)}\right| \le \{\inf_x |f(x)|\}^{-1} \sup_x |\hat{f}(x) - f(x)|$$

$$\le \frac{1}{\delta} \sup_x |\hat{f}(x) - f(x)|$$

$$= o(1) \ a.s.$$

となるので, (2.5) の分母は

$$\inf_x \left|1 + \frac{\hat{f}(x) - f(x)}{f(x)}\right| \ge 1 - \sup_x \left|\frac{\hat{f}(x) - f(x)}{f(x)}\right|$$

$$\ge 1 + o(1)$$

を得る. 十分大きい $n$ に対しては右辺が正になるので

$$\frac{1}{\inf_x |1 + \frac{\hat{f}(x) - f(x)}{f(x)}|} \le 1 + o(1) \qquad (2.6)$$

となる.

(2.5) の分子の第一項は

$$\sup_x |\hat{k}_1(x)| \le \frac{\sup_x |\frac{1}{nh} \sum_{i=1}^{n} K(\frac{x - X_i}{h})\epsilon_i|}{\inf_x |f(x)|}$$

$$\le \frac{1}{\delta} \sup_x \left|\frac{1}{nh} \sum_{i=1}^{n} K\left(\frac{x - X_i}{h}\right) \epsilon_i\right|$$

である．また，$E[\hat{k}_1(x)] = 0$ は明らかである．$\hat{\varphi}_1(s) = \frac{1}{n}\sum_{j=1}^{n}\exp(isX_j)\epsilon_j$
とおくと，仮定 (K-vii) より，(1.19) と同様にして

$$\frac{1}{nh}\sum_{i=1}^{n}K\left(\frac{x-X_i}{h}\right)\epsilon_i = \frac{1}{2\pi}\int\exp(-isx)\hat{\varphi}_1(s)\psi(hs)ds$$

と書くことができる．$|\exp(-isx)| = 1$ なので

$$\sup_x\left|\frac{1}{nh}\sum_{i=1}^{n}K\left(\frac{x-X_i}{h}\right)\epsilon_i\right| \le \frac{1}{2\pi}\int|\hat{\varphi}_1(s)|\,|\psi(hs)|ds$$

となり，両辺の期待値をとると

$$E\left[\sup_x|k_1(x)|\right] \le \frac{1}{2\pi}\int E[|\hat{\varphi}_1(s)|]\,|\psi(hs)|ds \tag{2.7}$$

である．コーシー＝シュワルツの不等式より，

$$\{E[|\hat{\varphi}_1(s)|]\}^2 \le E\left[|\hat{\varphi}_1(s)|^2\right]$$
$$= E\left[\left|\frac{1}{n}\sum_{j=1}^{n}\{\cos(sX_j) - i\sin(sX_j)\}\epsilon_j\right|^2\right]$$
$$= E\left[\left\{\frac{1}{n}\sum_{j=1}^{n}\cos(sX_j)\epsilon_j\right\}^2\right] + E\left[\left\{\frac{1}{n}\sum_{j=1}^{n}\sin(sX_j)\epsilon_j\right\}^2\right]$$
$$= \frac{1}{n}E[\{\cos^2(sX_1) + \sin^2(sX_1)\}\epsilon_1^2]$$
$$= \frac{1}{n}E(\epsilon_1^2) \le \frac{C}{n} \tag{2.8}$$

である．(K-vii) より $\int|\psi(hs)|ds = h^{-1}\int|\psi(t)|dt \le Ch^{-1}$ なので，(2.7)，
(2.8) から

$$E\left[\sup_x|k_1(x)|\right] \le \frac{C}{\sqrt{nh^2}} \tag{2.9}$$

となる．

(2.5) の分子の第二項は

$$\sup_x |\hat{k}_2(x)|$$

$$\leq \frac{\sup_x \left| \frac{1}{nh} \sum_{i=1}^n \left[ K\left(\frac{x-X_i}{h}\right)\{m(X_i)-m(x)\} - E[K(\frac{x-X_i}{h})\{m(X_i)-m(x)\}]\right] \right|}{\inf_x |f(x)|}$$

$$\leq \frac{1}{\delta} \sup_x \left| \frac{1}{nh} \sum_{i=1}^n \left[ K\left(\frac{x-X_i}{h}\right)\{m(X_i)-m(x)\} \right.\right.$$
$$\left.\left. - E\left[ K\left(\frac{x-X_i}{h}\right)\{m(X_i)-m(x)\} \right] \right] \right|$$

$$\leq \frac{1}{\delta} \sup_x \left| \frac{1}{nh} \sum_{i=1}^n \left[ K\left(\frac{x-X_i}{h}\right) m(X_i) - E\left[ K\left(\frac{x-X_i}{h}\right) m(X_i) \right] \right] \right|$$

$$+ \frac{1}{\delta} \sup_x \left| \frac{m(x)}{nh} \sum_{i=1}^n \left[ K\left(\frac{x-X_i}{h}\right) - E\left[ K\left(\frac{x-X_i}{h}\right) \right] \right] \right|$$

となる. $\hat{\varphi}_2(s) = \frac{1}{n}\sum_{j=1}^n \exp(isX_j)m(X_j)$ とおくと, (1.19) と同様にして

$$\sup_x \left| \frac{1}{nh} \sum_{i=1}^n \left[ K\left(\frac{x-X_i}{h}\right) m(X_i) - E\left[ K\left(\frac{x-X_i}{h}\right) m(X_i) \right] \right] \right|$$

$$= \sup_x \left| \frac{1}{2\pi} \int \exp(-isx)\{\hat{\varphi}_2(s) - E[\hat{\varphi}_2(s)]\}\psi(hs)ds \right|$$

$$\leq \frac{1}{2\pi} \int |\hat{\varphi}_2(s) - E[\hat{\varphi}_2(s)]| \, |\psi(hs)|ds$$

と押さえることができる. したがって

$$E\left[ \sup_x \left| \frac{1}{nh} \sum_{i=1}^n \left[ K\left(\frac{x-X_i}{h}\right) m(X_i) - E\left[ K\left(\frac{x-X_i}{h}\right) m(X_i) \right] \right] \right| \right]$$

$$\leq \frac{1}{2\pi\delta} \int E[|\hat{\varphi}_2(s) - E[\hat{\varphi}_2(s)]|] \, |\psi(hs)|ds$$

となり, i.i.d. の仮定を用いれば積分の中の期待値の二乗は

$$(E[|\hat{\varphi}_2(s) - E[\hat{\varphi}_2(s)]|])^2 \leq E[|\hat{\varphi}_2(s) - E[\hat{\varphi}_2(s)]|^2]$$
$$\leq \frac{1}{n} E[|\exp(isX_j)m(X_j)|^2]$$
$$\leq \frac{C}{n}$$

となる. したがって, $\hat{k}_1(x)$ と同様にして

$$\sup_x \left| \frac{1}{nh} \sum_{i=1}^n \left[ K\left(\frac{x-X_i}{h}\right) m(X_i) - E\left[ K\left(\frac{x-X_i}{h}\right) m(X_i) \right] \right] \right| = O_p\left(\frac{1}{\sqrt{nh^2}}\right)$$

である．また，仮定 (m-i) と (1.6) より

$$\sup_x \left| \frac{m(x)}{nh} \sum_{i=1}^n \left( K\left(\frac{x-X_i}{h}\right) - E\left[ K\left(\frac{x-X_i}{h}\right) \right] \right) \right|$$

$$\leq \sup_x |m(x)| \sup_x \left| \frac{1}{nh} \sum_{i=1}^n \left( K\left(\frac{x-X_i}{h}\right) - E\left[ K\left(\frac{x-X_i}{h}\right) \right] \right) \right|$$

$$= O_p\left( \left( \frac{\log\log n}{nh^2} \right)^{1/2} \right)$$

である．したがって，

$$E[\sup_x |k_2(x)|] \leq \frac{C(\log\log n)^{1/2}}{\sqrt{nh^2}} \tag{2.10}$$

となる．最後に (m-i) より $m(\cdot)$ は $f(\cdot)$ のサポート上で一様連続，かつ $f(x)$ $\geq \delta > 0$ より $f(\cdot)$ のサポートは有界なので

$$\sup_x |\hat{k}_3(x)| \leq \frac{1}{\delta h} \sup_x \left| E\left[ K\left(\frac{x-X_i}{h}\right) \{m(X_i) - m(x)\} \right] \right|$$

$$= \frac{1}{\delta} \sup_x \left| \int K(u)\{m(x-hu) - m(x)\} f(x-hu) du \right|$$

$$\leq \frac{\sup_{x,u} |m(x-hu) - m(x)|}{\delta} \int |K(u) f(x-hu)| du$$

$$\to 0 \tag{2.11}$$

である．(2.5), (2.9), (2.10), (2.11) より

$$\sup_x |\hat{m}(x) - m(x)| = o_p(1)$$

を得る．∎

　一様収束のオーダーについても研究されており，Mack and Silverman (1982) は $\left(\frac{nh}{\log h^{-1}}\right)^{-1/2}$ であることを示している．これは，上に述べたカーネル密度推定量の一様収束のオーダーと同じである．

最後に，漸近正規性の結果を与える．

**[定理 2.3（漸近正規性（各点））]**　(K-i)-(K-iii), (K-v), (f-i), (f-ii), (f-iii), (m-ii), (e-i), (e-ii) を仮定する．$x$ を $f(x)$ のサポートの内点として，$n \to \infty$ のとき，$h \to 0$, $nh \to \infty$, $nh^5 \to 0$ とすると，

$$\sqrt{nh}\{\hat{m}(x) - m(x)\} \overset{d}{\to} N\left(0, \frac{\kappa\sigma^2(x)}{f(x)}\right)$$

が成り立つ．

**証明**　上の定理と同様の変形を加えると

$$\sqrt{nh}\{\hat{m}(x) - m(x)\} = \frac{\sqrt{nh}\{\hat{r}(x) - m(x)\hat{f}(x)\}}{\hat{f}(x)}$$

となり，その分母については定理 1.12 から

$$\hat{f}(x) \overset{p}{\to} f(x)$$

である．分子は，

$$\sqrt{nh}\{\hat{r}(x) - m(x)\hat{f}(x)\}$$

$$= \frac{1}{\sqrt{nh}}\sum_{i=1}^{n} K\left(\frac{x - X_i}{h}\right)\{Y_i - m(x)\} \tag{2.12}$$

$$= \frac{1}{\sqrt{nh}}\sum_{i=1}^{n} K\left(\frac{x - X_i}{h}\right)\{\epsilon_i + m(X_i) - m(x)\}$$

$$= \frac{1}{\sqrt{nh}}\sum_{i=1}^{n} K\left(\frac{x - X_i}{h}\right)\epsilon_i$$

$$+ \frac{1}{\sqrt{nh}}\sum_{i=1}^{n} K\left(\frac{x - X_i}{h}\right)\{m(X_i) - m(x)\} \tag{2.13}$$

となる．(2.13) の第二項の期待値の絶対値について，$\tilde{x} = x - \lambda_1 hu, \bar{x} = x - \lambda_2 hu$, $\lambda_1, \lambda_2 \in [0,1]$ として，

$$\left| E\left( \frac{1}{\sqrt{nh}} \sum_{i=1}^{n} K\left( \frac{x-X_i}{h} \right) \{m(X_i) - m(x)\} \right) \right|$$

$$= \sqrt{nh} \left| \int K(u)\{m(x-hu) - m(x)\}f(x-hu)du \right|$$

$$= \sqrt{nh} \left| \int K(u) \left[ (hu)^2 \left\{ m'(x)f'(\bar{x}) + \frac{1}{2}m''(\tilde{x})f(x) \right\} \right] du \right|$$

$$\leq \sqrt{nh^5} \left\{ \sup_x |m'(x)| \sup_x |f'(x)| + \frac{1}{2} \sup_x |m''(x)| \sup_x |f(x)| \right\} \int u^2 K(u)du$$

$$\to 0$$

が成り立つ. 最後の収束は, $nh^5 \to 0$ と (K-v), (f-i), (f-ii), (m-ii) を用いた. (i.i.d.) より, 第二項の分散は,

$$Var\left( \frac{1}{\sqrt{nh}} \sum_{i=1}^{n} K\left( \frac{x-X_i}{h} \right) \{m(X_i) - m(x)\} \right)$$

$$= \frac{1}{h} Var\left( K\left( \frac{x-X_1}{h} \right) \{m(X_1) - m(x)\} \right)$$

$$= \frac{1}{h} E\left( K\left( \frac{x-X_1}{h} \right) \{m(X_1) - m(x)\} \right)^2$$

$$- \frac{1}{h} \left( E\left[ K\left( \frac{x-X_1}{h} \right) \{m(X_1) - m(x)\} \right] \right)^2$$

である. ここで,

$$\frac{1}{h} E\left( K\left( \frac{x-X_1}{h} \right) \{m(X_1) - m(x)\} \right)^2$$

$$= \frac{1}{h} \int K\left( \frac{x-y}{h} \right)^2 \{m(y) - m(x)\}^2 f(y)dy$$

$$= \int K(u)^2 \{m(x-hu) - m(x)\}^2 f(x-hu)dy$$

$$= \int K(u)^2 [(hu)^2 m'(\tilde{x})^2 \{f(x) - f'(\bar{x})hu\}]du$$

$$= O(h^2)$$

となり, また

$$E\left[K\left(\frac{x-X_1}{h}\right)\{m(X_1)-m(x)\}\right]$$

$$= h\int K(u)\{m(x-hu)-m(x)\}f(x-hu)du$$

$$= h\int K(u)\left[(hu)^2\left\{m'(x)f'(\bar{x})+\frac{1}{2}m''(\tilde{x})f(x)\right\}\right]du$$

$$= O(h^3)$$

であるから,

$$Var\left(\frac{1}{\sqrt{nh}}\sum_{i=1}^{n}K\left(\frac{x-X_i}{h}\right)\{m(X_i)-m(x)\}\right)\to 0$$

となる. したがって, (2.13) の第二項は無視できる.

$\xi_{ni}=K(\frac{x-X_i}{h})\epsilon_i/[n\,Var(K(\frac{x-X_1}{h})\epsilon_1)]^{1/2}$ とおくと, これは $E[\xi_{ni}]=0$, $Var(\xi_{ni})=1/n$ の三角配列である. これを用いると, (2.13) の第一項は,

$$\frac{1}{\sqrt{nh}}\sum_{i=1}^{n}K\left(\frac{x-X_i}{h}\right)\epsilon_i=\left[Var\left(\frac{1}{\sqrt{h}}K\left(\frac{x-X_1}{h}\right)\epsilon_1\right)\right]^{1/2}\sum_{i=1}^{n}\xi_{in}$$

と書ける. 分散の項は, (K-i)-(K-iii), (f-i), (f-iii), (e-i) の仮定より, 補題 1.9 を用いて

$$Var\left(\frac{1}{\sqrt{h}}K\left(\frac{x-X_1}{h}\right)\epsilon_1\right) = E\left[\frac{1}{h}K\left(\frac{x-X_1}{h}\right)^2\sigma^2(X_1)\right]$$

$$= \int\frac{1}{h}K\left(\frac{x-y}{h}\right)^2\sigma^2(y)f(y)dy$$

$$\to \kappa\sigma^2(x)f(x) \qquad (2.14)$$

となる. 以下に, リアプノフの中心極限定理を用いて, $\sum_{i=1}^{n}\xi_{ni}\xrightarrow{d}N(0,1)$ を示す.

$$\sum_{i=1}^{n} E[|\xi_{ni}|^{2+\delta}] = \sum_{i=1}^{n} \frac{E|K(\frac{x-X_i}{h})\epsilon_i|^{2+\delta}}{[n\,Var(K(\frac{x-X_1}{h})\epsilon_1)]^{\frac{2+\delta}{2}}}$$

$$= \frac{E[|K(\frac{x-X_1}{h})|^{2+\delta}E[|\epsilon_1|^{2+\delta}|X_1]]}{n^{\frac{\delta}{2}}[Var(K(\frac{x-X_1}{h})\epsilon_1)]^{\frac{2+\delta}{2}}}$$

$$= \frac{E[\frac{1}{h}|K(\frac{x-X_1}{h})|^{2+\delta}E[|\epsilon_1|^{2+\delta}|X_1]]}{(nh)^{\frac{\delta}{2}}[Var(\frac{1}{\sqrt{h}}K(\frac{x-X_1}{h})\epsilon_1)]^{\frac{2+\delta}{2}}} \tag{2.15}$$

(e-ii) の仮定から，補題 1.9 を用いて，分子は

$$E\left[\frac{1}{h}\left|K\left(\frac{x-X_1}{h}\right)\right|^{2+\delta}E[|\epsilon_1|^{2+\delta}|X_1]\right]$$

$$\to E[|\epsilon_1|^{2+\delta}|X_1=x]\int|K(u)|^{2+\delta} < \infty \tag{2.16}$$

である．(2.15) に (2.14), (2.16) を代入すると，$nh \to \infty$ なので，

$$\sum_{i=1}^{n} E[|\xi_{ni}|^{2+\delta}] \to 0$$

が示され，したがって

$$\sum_{i=1}^{n} \xi_{ni} \xrightarrow{d} N(0,1)$$

が成り立つ．以上をまとめると，定理の結果を得る．　∎

**[定理 2.4（同時漸近正規性）]**　(K-i)-(K-iii), (K-v), (f-i), (m-ii), (e-i), (e-ii) を仮定する．また，$x$ を $f(x)$ のサポートの内点として，$n \to \infty$ のとき，$h \to 0$, $nh \to \infty$, $nh^5 \to 0$ とする．$(x_1, \ldots, x_k)$ を $X$ の分布の互いに異なる内点として，

$$\sqrt{nh}\{\hat{m}(x_1) - m(x_1), \ldots, \hat{m}(x_k) - m(x_k)\} \xrightarrow{d} N(0, \Sigma)$$

$$\Sigma = diag\left\{\frac{\kappa\sigma^2(x_1)}{f(x_1)}, \ldots, \frac{\kappa\sigma^2(x_k)}{f(x_k)}\right\}$$

が成り立つ．ここで，$diag\{a_1, \ldots, a_k\}$ は $a_1, \ldots, a_k$ を対角成分に持つ対角行列である．

**証明**  $k = 2$ の場合について証明する．一般の $k$ への拡張は同様である．ク
ラーメル＝ウォルドの方法（Serfling (1980), p.18 参照）を用いると，任意の
ベクトル $\lambda = (\lambda_1, \lambda_2)^T$ について，

$$\sqrt{nh}[\lambda_1\{\hat{m}(x_1) - m(x_1)\} + \lambda_2\{\hat{m}(x_2) - m(x_2)\}]$$

$$\xrightarrow{d} N\left(0, \kappa\left\{\frac{\lambda_1^2 \sigma^2(x_1)}{f(x_1)} + \frac{\lambda_2^2 \sigma^2(x_2)}{f(x_2)}\right\}\right) \tag{2.17}$$

が成り立つことを示せばよい．表記を簡潔にするために $m(x_1)$, $\hat{m}(x_1)$ を $m_1$,
$\hat{m}_1$ 等と簡略化する．

$$\sqrt{nh}[\lambda_1(\hat{m}_1 - m_1) + \lambda_2(\hat{m}_2 - m_2)]$$

$$= \frac{\sqrt{nh}[\lambda_1(\hat{r}_1 - m_1\hat{f}_1)\hat{f}_2 + \lambda_2(\hat{r}_2 - m_2\hat{f}_2)\hat{f}_1]}{\hat{f}_1\hat{f}_2}$$

$$= \frac{\sqrt{nh}[\lambda_1(\hat{r}_1 - m_1\hat{f}_1)f_2 + \lambda_2(\hat{r}_2 - m_2\hat{f}_2)f_1]}{\hat{f}_1\hat{f}_2}$$

$$+ \frac{\sqrt{nh}[\lambda_1(\hat{r}_1 - m_1\hat{f}_1)(\hat{f}_2 - f_2) + \lambda_2(\hat{r}_2 - m_2\hat{f}_2)(\hat{f}_1 - f_1)]}{\hat{f}_1\hat{f}_2}$$

であり，右辺第二項は定理 1.12，定理 2.3 から $o_p(1)$ であり，第一項の分母は
$f_1 f_2$ に確率収束する．その分子は (2.13) と同様にして

$$\sqrt{nh}[\lambda_1(\hat{r}_1 - m_1\hat{f}_1)f_2 + \lambda_2(\hat{r}_2 - m_2\hat{f}_2)f_1]$$

$$= \frac{1}{\sqrt{n}}\sum_{i=1}^{n}\frac{1}{\sqrt{h}}\left\{\lambda_1 K\left(\frac{x_1 - X_i}{h}\right)f_2 + \lambda_2 K\left(\frac{x_2 - X_i}{h}\right)f_1\right\}\epsilon_i + o_p(1)$$

となる．

$$\xi_{ni} = \frac{\frac{1}{\sqrt{h}}\{\lambda_1 K\left(\frac{x_1 - X_i}{h}\right)f_2 + \lambda_2 K\left(\frac{x_2 - X_i}{h}\right)f_1\}\epsilon_i}{\sqrt{n\,Var\left[\frac{1}{\sqrt{h}}\{\lambda_1 K\left(\frac{x_1 - X_1}{h}\right)f_2 + \lambda_2 K\left(\frac{x_2 - X_1}{h}\right)f_1\}\epsilon_1\right]}}$$

とおくと，$E(\xi_{ni}) = 0$, $Var(\xi_{ni}) = 1/n$ であり，定理 2.3 と同様に，

$$\sum_{i=1}^{n} E[|\xi_{ni}|^{2+\delta}] \to 0$$

を示すことができる．リアプノフの中心極限定理から

$$\sum_{i=1}^{n} \xi_{ni} \xrightarrow{d} N(0,1)$$

が成り立つ.

ここで,

$$Var\left[\frac{1}{\sqrt{h}}\left\{\lambda_1 K\left(\frac{x_1-X_1}{h}\right)f_2 + \lambda_2 K\left(\frac{x_2-X_1}{h}\right)f_1\right\}\epsilon_1\right]$$

$$= E\left[\frac{1}{h}\left\{\lambda_1 K\left(\frac{x_1-X_1}{h}\right)f_2 + \lambda_2 K\left(\frac{x_2-X_1}{h}\right)f_1\right\}^2 \sigma^2(X_1)\right]$$

$$= \lambda_1^2 f_2^2 E\left[\frac{1}{h}K\left(\frac{x_1-X_1}{h}\right)^2 \sigma^2(X_1)\right] + \lambda_2^2 f_1^2 E\left[\frac{1}{h}K\left(\frac{x_2-X_1}{h}\right)^2 \sigma^2(X_1)\right]$$

$$+ 2\lambda_1 \lambda_2 f_1 f_2 E\left[\frac{1}{h}K\left(\frac{x_1-X_1}{h}\right)K\left(\frac{x_2-X_1}{h}\right)\sigma^2(X_1)\right]$$

であるが, 右辺の第一項と第二項の期待値は (2.14) と同様にそれぞれ $\kappa\lambda_1^2\sigma_1^2 f_1$, $\kappa\lambda_2^2\sigma_2^2 f_2$ に収束する. 第三項の期待値については

$$E\left[\frac{1}{h}K\left(\frac{x_1-X_1}{h}\right)K\left(\frac{x_2-X_1}{h}\right)\sigma^2(X_1)\right]$$

$$= \int \frac{1}{h}K\left(\frac{x_1-z}{h}\right)K\left(\frac{x_2-z}{h}\right)\sigma^2(z)f(z)dz$$

$$= \int K(u)K\left(\frac{x_2-x_1}{h}+u\right)\sigma^2(x_1-hu)f(x_1-hu)du$$

$$\to 0 \ \ as \ h \to 0$$

となる. 最後の収束は, (f-i), (K-iii), (e-i) より $K(\frac{x_2-x_1}{h}+u)\sigma^2(x_1-hu)f(x_1-hu)$ は有界な関数であり, $h \to 0$ のときに $K(\frac{x_2-x_1}{h}+u) \to 0$ であることと, 有界収束定理 (dominated convergence theorem) を用いた. 以上から, $n \to \infty$ のとき,

$$Var\left[\frac{1}{\sqrt{h}}\left\{\lambda_1 K\left(\frac{x_1-X_1}{h}\right) + \lambda_2 K\left(\frac{x_2-X_1}{h}\right)\right\}\epsilon_1\right]$$

$$\to \kappa\lambda_1^2\sigma_1^2 f_1 f_2^2 + \kappa\lambda_2^2\sigma_2^2 f_2 f_1^2$$

したがって, (2.17) が証明された. ∎

以上の漸近的な結果は重回帰に拡張したカーネル回帰推定量についても成立するが，カーネル密度推定と同様に，次元の呪いを避けられない．単純化のためにバンド幅をすべて同じにして $h = h_1 = \cdots = h_d$，カーネル関数を $K(u_1, u_2, \ldots, u_d) = K(u_1)K(u_2) \times \cdots \times K(u_d)$ とすると，(2.3) は適当な条件のもとで

$$\sqrt{nh^d}\{\hat{m}(x) - m(x)\} \xrightarrow{d} N\left(0, \frac{\kappa^d \sigma^2(x)}{f(x)}\right)$$

となる．したがって，説明変数の数が増えると収束のオーダーは遅くなることがわかる．

## 2.3 その他の回帰推定量

カーネル推定法以外にも回帰関数のノンパラメトリック推定法が提案されている．主たるものは局所多項式回帰とシリーズ推定法で，それらを簡単に紹介する．詳細や漸近的性質については，原著論文以外では例えば Prakasa Rao (1983), Fan and Gijbels (1996), Wand and Jones (1995) 等に詳しい．

### 2.3.1 局所多項式回帰推定量

NW カーネル推定量がウェイト付き最小二乗法

$$\min_a \sum_{i=1}^{n} K\left(\frac{x - X_i}{h}\right)(Y_i - a)^2$$

の解となっていることは簡単に確かめられる．直感的には，$X_i$ の値が点 $x$ の近くにある観測点の $Y$ の値に高いウェイトをかけた平均を求めているわけである．これを拡張し，定数 $a$ でなくて線形関数 $a_0 + a_1(X_i - x)$ で近似して，

$$\min_{a_0, a_1} \sum_{i=1}^{n} K\left(\frac{x - X_i}{h}\right)\{Y_i - a_0 - a_1(X_i - x)\}^2$$

によって推定したものを局所線形回帰（local linear regression）推定量という．$a_0$ の推定量を $\hat{a}_0$，$a_1$ の推定量を $\hat{a}_1$ とすると，$\hat{a}_0$ が $m(x)$ の推定量，$\hat{a}_1$ が $m'(x)$ の推定量になっている．これは，$X_i \approx x$ となっている観測点につい

て

$$m(X_i) \approx m(x) + m'(x)(X_i - x)$$
$$= a_0 + a_1(X_i - x)$$

という近似を用いて $\min_{m(\cdot)} \sum_{i=1}^n K(\frac{x-X_i}{h})\{Y_i - m(X_i)\}^2$ という最小化問題を考えていると解釈することが可能である. $K(\frac{x-X_i}{h})$ はすべてのデータの中から，$X_i \approx x$ の観測値を選び出す役割を果たしている. さらに高次の関数で近似した

$$\min_{a_0,\dots,a_p} \sum_{i=1}^n K\left(\frac{x-X_i}{h}\right)\{Y_i - a_0 - a_1(X_i - x) - \cdots - a_p(X_i - x)^p\}^2$$

を $p$ 次の局所多項式回帰推定法という. この推定量のバイアスのオーダーは $p$ が奇数のときに $h^{p+1}$, 偶数のときに $h^{p+2}$ であることが示され，NW カーネル推定量よりも小さくなっている. この推定量の漸近モーメントは $p=1$ の場合 Fan (1992) に示されている.

**［定理 2.5（Fan (1992)）］** 以下を仮定する.

1. $m(x)$ は 2 階微分可能で，$m''(x)$ は連続で有界である.
2. $\sigma^2(x) = E(\epsilon_1^2|X_1 = x)$ は有界で連続である.
3. $X_1$ の密度関数 $f(x)$ はある区間 $(a_0, b_0)$ において連続で，正である.
4. カーネル関数 $K(u)$ は有界で $K(u) \geq 0$, $\int K(u)du = 1$, $\int uK(u)du = 0$, $\int u^4 K(u)du < \infty$ である.
5. $n \to \infty$ のとき $h \to 0$, $nh \to \infty$ とする.

このとき，$\mu_2 = \int u^2 K(u)du, \kappa = \int K(u)^2 du$ として，$x \in (a_0, b_0)$ に対し，局所線形回帰推定量 $\hat{m}(x)$ の条件付き期待値，分散は次のように近似される.

$$E[\hat{m}(x)|X_1,\dots,X_n] - m(x) = \frac{\mu_2 m''(x)}{2}h^2 + o_p(h^2)$$
$$Var(\hat{m}(x)|X_1,\dots,X_n) = \frac{\kappa \sigma^2(x)}{f(x)nh} + o_p\left(\frac{1}{nh}\right)$$

証明は省略する. より一般的な結果は，Ruppert and Wand (1994)，Wand

and Jones (1995), Fan and Gijbels (1996) 等を参照のこと.

## 2.3.2 シリーズ推定量

　回帰関数が二乗可積分であると仮定して，密度関数と同様に，直交基底 $\psi_j(x)$ を用いて

$$m(x) = \sum_{j=0}^{\infty} \alpha_j \psi_j(x)$$

と展開し，フーリエ係数の推定値を用いて $m(x)$ を推定することができる．無限和を $p$ 次で切断し，フーリエ係数 $\alpha = (a_0, \dots, a_p)$ を最小二乗推定し，

$$\hat{\alpha} = \min_{\alpha} \sum_{i=1}^{n} \left\{ y_i - \sum_{j=0}^{p} a_j \psi_j(X_i) \right\}^2$$

$$\hat{m}(x) = \sum_{j=0}^{p} \hat{a}_j \psi_j(x)$$

を回帰関数の推定量とするものをシリーズ推定量という．$\hat{\alpha}$ は最小二乗推定量であるから，$\hat{m}(x)$ のバイアスと分散は比較的簡単に評価できる．単純化のために，誤差項が分散均一で $E[\epsilon_i^2|X_i] = \sigma^2$ であると仮定する．被説明変数のベクトルを $Y = (Y_1, \dots, Y_n)^T$ とし，パラメータベクトルを $\alpha = (a_0, \dots, a_p)^T$, $\tilde{\alpha} = (a_{p+1}, a_{p+2}, \dots)^T$ と分割する．それに対応する説明変数行列を

$$\Psi = \begin{bmatrix} \psi_0(X_1) & \psi_1(X_1) & \cdots & \psi_p(X_1) \\ \psi_0(X_2) & \psi_1(X_2) & \cdots & \psi_p(X_2) \\ \vdots & \vdots & \ddots & \vdots \\ \psi_0(X_n) & \psi_1(X_n) & \cdots & \psi_p(X_n) \end{bmatrix},$$

$$\tilde{\Psi} = \begin{bmatrix} \psi_{p+1}(X_1) & \psi_{p+2}(X_1) & \cdots \\ \psi_{p+1}(X_2) & \psi_{p+2}(X_2) & \cdots \\ \vdots & \vdots & \\ \psi_{p+1}(X_n) & \psi_{p+2}(X_n) & \cdots \end{bmatrix}$$

とし，誤差項のベクトルを $\epsilon = (\epsilon_1, \dots, \epsilon_n)^T$ とする．すると，$Y = \Psi\alpha +$

$\tilde{\Psi}\tilde{\alpha} + \epsilon$ であるから,

$$\hat{\alpha} = (\Psi^T\Psi)^{-1}\Psi^T Y$$
$$= (\Psi^T\Psi)^{-1}\Psi T(\Psi\alpha + \tilde{\Psi}\tilde{\alpha} + \epsilon)$$
$$= \alpha + (\Psi^T\Psi)^{-1}\Psi^T\tilde{\Psi}\tilde{\alpha} + (\Psi^T\Psi)^{-1}\Psi^T\epsilon$$

となり,

$$E[\hat{\alpha}|X_1,\ldots,X_n] = \alpha + (\Psi^T\Psi)^{-1}\Psi^T\tilde{\Psi}\tilde{\alpha}$$
$$Var(\hat{\alpha}|X_1,\ldots,X_n) = \sigma^2(\Psi^T\Psi)^{-1}$$

を得る. したがって, $\psi(x) = (\psi_0(x),\ldots,\psi_p(x))^T$, $\tilde{\psi}(x) = (\psi_{p+1}(x),$ $\psi_{p+2}(x),\ldots)^T$ として

$$E[\hat{m}(x)|X_1,\ldots,X_n] = \psi(x)^T\{\alpha + (\Psi^T\Psi)^{-1}\Psi^T\tilde{\Psi}\tilde{\alpha}\}$$
$$= m(x) + \{\tilde{\Psi}^T\Psi(\Psi^T\Psi)^{-1}\psi(x) - \tilde{\psi}(x)\}^T\tilde{\alpha}$$

$$Var[\hat{m}(x)|X_1,\ldots,X_n] = \psi(x)^T Var(\hat{\alpha}|X_1,\ldots,X_n)\psi(x)$$
$$= \sigma^2\psi(x)^T(\Psi^T\Psi)^{-1}\psi(x)$$

となる.

次にシリーズ推定量の漸近正規性を示そう. Pagan and Ullah (1999) による説明変数 $\{x_i\}$, $i = 1,2,\ldots,n$ を非確率変数だとする簡単な証明を紹介する. 以下に仮定を示す.

**B1**　$\{\epsilon_i\}$, $i = 1,2,\ldots,n$ は i.i.d. で $E[\epsilon_1] = 0$ かつ $V[\epsilon_1] = \sigma^2 < \infty$.

**B2**　説明変数 $\{x_i\}$, $i = 1,2,\ldots,n$ は非確率変数.

**B3**　$p \sim C_1 n^r$, $0 < r < 1$. ここで $C_1$ は正の定数.

**B4**　$n \to \infty$ のとき, $p^{1/(2r)}\sup_x |\psi(x)^T\alpha_n - m(x)| \to 0$ を満たす $\alpha_n$ が存在する.

**B5**　$|\psi_i(x)|$, $i = 0,1,\ldots,\infty$, $|\psi(x)^T\alpha_n|$, $|m(x)|$ は一様に有界で $C_2$ によって押さえられる.

**B6**　$\lambda_{min}[\Psi^T\Psi]$ を $\Psi^T\Psi$ の最小固有値として, $n \to \infty$ のとき $\lambda_{min}[\Psi^T\Psi]/p \to \infty$.

**B7**  $v(x) \equiv \sigma^2 \psi(x)^T (\Psi^T \Psi)^{-1} \psi(x) \geq C_3/n.$

B1 と B2 は緩めることが可能だが，B4 は重要な仮定で緩めることができない．これは $\{\psi_i\}$ で十分 $m(x)$ を近似できることを求めている．$x$ がコンパクトな空間しか動けなければフーリエ級数がこの仮定を満たす．またべき級数や B スプラインもこの仮定を満たす．詳しくは Newey (1997) を参照せよ．漸近正規性の証明で使うための補題を導入する．

**[補題 2.6]**  $q$ を任意の $n \times 1$ ベクトルとし，$d = v^{-1/2} \psi(x)^T (\Psi^T \Psi)^{-1} \Psi^T q$, $v = \sigma^2 \psi(x)^T (\Psi^T \Psi)^{-1} \psi(x)$ とする．このとき

$$|d| \leq \sigma^{-1} [q^T \Psi (\Psi^T \Psi)^{-1} \Psi^T q]^{1/2}$$
$$|d| \leq \sigma^{-1} [q^T \Psi \Psi^T q \lambda_{min}^{-1} [\Psi^T \Psi]]^{1/2}$$
$$|d| \leq \sigma^{-1} [q^T q]^{1/2}$$

が成立する．

**証明**  $d$ が $d = \{v^{-1/2} \psi(x)^T (\Psi^T \Psi)^{-1/2}\}\{(\Psi^T \Psi)^{-1/2} \Psi^T q\}$ と表現できることに注意すると，コーシー＝シュワルツの不等式を使って

$$|d| \leq \{v^{-1} \psi(x)^T (\Psi^T \Psi)^{-1} \psi(x)\}^{1/2} \{q^T \Psi (\Psi^T \Psi)^{-1} \Psi^T q\}^{1/2}$$
$$= \sigma^{-1} [q^T \Psi (\Psi^T \Psi)^{-1} \Psi^T q]^{1/2}$$

右辺の等号は $v$ の定義による．また $\lambda_{max}[A]$, $\lambda_{min}[A]$ をそれぞれ行列 $A$ の最大固有値，最小固有値として

$$\lambda_{min}[(\Psi^T \Psi)^{-1}] I \leq (\Psi^T \Psi)^{-1} \leq \lambda_{max}[(\Psi^T \Psi)^{-1}] I$$

かつ

$$\lambda_{max}[(\Psi^T \Psi)^{-1}] = \lambda_{min}^{-1}[\Psi^T \Psi]$$

なので

$$|d| \leq \sigma^{-1} [q^T \Psi (\Psi^T \Psi)^{-1} \Psi^T q]^{1/2}$$
$$\leq \sigma^{-1} [q^T \Psi \Psi^T q \lambda_{min}^{-1}[\Psi^T \Psi]]^{1/2}$$

最後に $q^T \Psi (\Psi^T \Psi)^{-1} \Psi^T q \leq q^T q \lambda_{max}[\Psi(\Psi^T\Psi)^{-1}\Psi^T]$ かつ $\Psi(\Psi^T\Psi)^{-1}\Psi^T$ はべき等行列なので $0 \leq \lambda_{max}[\Psi(\Psi^T\Psi)^{-1}\Psi^T] \leq 1$ より

$$|d| \leq \sigma^{-1}[q^T q]^{1/2}$$

が成り立つ. ∎

**[補題 2.7（Huber (1973) Lemma 2.1）]** $\{u_i, i = 1, \ldots, n\}$ を平均ゼロ, 分散 $\sigma^2$ を持つ母集団からの無作為標本とし, $\{s_{ni}, i = 1, \ldots, n\}$ は $\sum_{i=1}^n s_{ni}^2 = 1$ かつ $n \to \infty$ のとき $\max_i |s_{ni}| \to 0$ とする. ただし, $s_{ni}$ は非確率的な列とする. このとき $\sum_{i=1}^n s_{ni}u_i/\sigma$ は標準正規分布に分布収束する.

**証明** $\{s_{ni}u_i, i = 1, 2, \ldots, n\}$ は各々独立で分散を持つ. Lindeberg 条件を見てみると任意の $\epsilon > 0$ について

$$\frac{1}{\sigma^2} \sum_{i=1}^n E[s_{ni}^2 u_i^2 1(|s_{ni}u_i| > \epsilon\sigma)]$$

$$= \frac{1}{\sigma^2} \sum_{i=1}^n s_{ni}^2 E\left[u_i^2 1\left(|u_i| > \frac{\epsilon\sigma}{|s_{ni}|}\right)\right]$$

$$\leq \frac{1}{\sigma^2} \sum_{i=1}^n s_{ni}^2 E\left[u_i^2 1\left(|u_i| > \frac{\epsilon\sigma}{\max_i |s_{ni}|}\right)\right]$$

$$= \frac{1}{\sigma^2} \left(\sum_{i=1}^n s_{ni}^2\right) E\left[u_1^2 1\left(|u_1| > \frac{\epsilon\sigma}{\max_i |s_{ni}|}\right)\right]$$

$$\to 0$$

したがって Lindeberg-Feller の中心極限定理が成り立つ. ∎

$M = (m(x_1), m(x_2), \ldots, m(x_n))^T$, $\epsilon = (\epsilon_1, \epsilon_2, \ldots, \epsilon_n)^T$ として $\hat{m}(x)$ を次のように分解する.

$$\hat{m}(x) = \psi(x)^T \hat{\alpha} = \psi(x)^T (\Psi^T\Psi)^{-1}\Psi^T Y$$

$$= \psi(x)^T (\Psi^T\Psi)^{-1}\Psi^T \{\Psi\alpha_n + (M - \Psi\alpha_n) + \epsilon\}$$

$$= \psi(x)^T \alpha_n + \psi(x)^T (\Psi^T\Psi)^{-1}\Psi^T (M - \Psi\alpha_n) + \psi(x)^T (\Psi^T\Psi)^{-1}\Psi^T \epsilon$$

説明変数 $\{x_i\}$ は非確率変数なので $E[\hat{m}(x)] = \psi(x)^T \alpha_n + \psi(x)^T (\Psi^T\Psi)^{-1} \times \Psi^T (M - \Psi\alpha_n)$ かつ

$$V(\hat{m}(x)) = \sigma^2 \psi(x)^T (\Psi^T \Psi)^{-1} \psi(x) = v(x)$$

となることがわかる.

**[定理 2.8]**　仮定 B1-B3, B5-B6 のもとで

$$v(x)^{-1/2}(\hat{m}(x) - E[\hat{m}(x)]) \xrightarrow{d} N(0, 1)$$

が成立する.

**証明**　$\hat{m}(x) - E[\hat{m}(x)] = \psi(x)^T (\Psi^T \Psi)^{-1} \Psi^T \epsilon$ より

$$v(x)^{-1/2}(\hat{m}(x) - E[\hat{m}(x)]) = v(x)^{-1/2}\psi(x)^T (\Psi^T \Psi)^{-1} \Psi^T \epsilon \equiv D^T \epsilon$$

ここで $v(x)$ の定義から $D^T D = 1/\sigma^2$ なので $D$ の第 $i$ 要素を $d_i$ として $\max_i |d_i| \to 0$ なら補題 2.7 より Lindeberg 条件が満たされ, $D^T \epsilon$ は標準正規分布に分布収束する. $e_i$ を第 $i$ 要素だけ 1 でそれ以外の要素が 0 である $n \times 1$ ベクトルとすると

$$d_i = v(x)^{-1/2}\psi(x)^T (\Psi^T \Psi)^{-1} \Psi^T e_i$$

補題 2.6 より

$$\max_i |d_i| \le \sigma^{-1} \left[ \max_i \left( e_i^T \Psi \Psi^T e_i \right) \lambda_{min}^{-1}(\Psi^T \Psi) \right]^{1/2}$$
$$\le \sigma^{-1} \left[ (p+1)C_2^2 \lambda_{min}^{-1}(\Psi^T \Psi) \right]^{1/2}$$

最後の不等式は B5 による. B6 より $p/\lambda_{min}(\Psi^T \Psi) \to 0$ なので Lindeberg 条件が満たされ

$$v(x)^{-1/2}(\hat{m}(x) - E[\hat{m}(x)]) \xrightarrow{d} N(0, 1)$$

が成り立つ. ∎

次に $v(x)^{-1/2}(E[\hat{m}(x)] - m(x))$ が $o(1)$ であることを示す.

**[定理 2.9]**　仮定 B1-B7 のもとで, $n \to \infty$ のとき $v(x)^{-1/2}(E[\hat{m}(x)] - m(x)) \to 0$ が成り立つ.

**証明**　$E[\hat{m}(x)] - m(x)$ を分解すると

$$v(x)^{-1/2}(E[\hat{m}(x)] - m(x))$$
$$= v(x)^{-1/2}\left\{\left(\psi(x)^T\alpha_n - m(x)\right) + \psi(x)^T(\Psi^T\Psi)^{-1}\Psi^T(M - \Psi\alpha_n)\right\}$$
$$= Q_1 + Q_2$$

ここで B7 より

$$|Q_1| \le v(x)^{-1/2}\sup_x|\psi(x)^T\alpha_n - m(x)|$$
$$\le C_3^{-1/2}n^{1/2}\sup_x|\psi(x)^T\alpha_n - m(x)|$$
$$= C_3^{-1/2}\left(n/p^{1/r}\right)^{1/2}p^{1/(2r)}\sup_x|\psi(x)^T\alpha_n - m(x)|$$

B3 と B4 より右辺は 0 に収束する．次に $Q_2$ に補題 2.6 を使うと

$$|Q_2| \le \sigma^{-1}\left[(M - \Psi\alpha_n)^T(M - \Psi\alpha_n)\right]^{1/2}$$
$$\le \sigma^{-1}n^{1/2}\max_i|m(x_i) - \psi(x_i)^T\alpha_n|$$
$$\le \sigma^{-1}\left(n/p^{1/r}\right)^{1/2}p^{1/(2r)}\sup_x|m(x) - \psi(x)^T\alpha_n|$$

B3 と B4 より右辺は 0 に収束する．∎

**[系 2.10]**　B1-B7 のもとで

$$v(x)^{-1/2}(\hat{m}(x) - m(x)) \xrightarrow{d} N(0,1)$$

が成り立つ．

　最後に B5 を強めた以下の仮定のもとで，シリーズ推定量 $\hat{m}$ が $m$ に一様収束することを示す．

**B8**　$n \to \infty$ のとき $\lambda_{min}[\Psi^T\Psi]/p^2 \to \infty$

**[定理 2.11]**　B1-B8 のもとで

$$\sup_x|\hat{m}(x) - m(x)| \xrightarrow{p} 0$$

が成り立つ．

**証明** 定理 2.9 の証明の $Q_1$, $Q_2$ を使うと

$$E[\hat{m}(x)] - m(x) = v(x)^{1/2}Q_1 + v(x)^{1/2}Q_2$$

ここで

$$\begin{aligned}
v(x) &= \sigma^2 \psi(x)^T (\Psi^T \Psi)^{-1} \psi(x) \\
&\leq \sigma^2 \psi(x)^T \psi(x) \lambda_{max}(\Psi^T \Psi)^{-1} \\
&\leq \sigma^2 (p+1) C_2^2 \lambda_{min}^{-1}(\Psi^T \Psi)
\end{aligned}$$

なので

$$\begin{aligned}
|v(x)^{1/2}Q_1| &\leq (\sigma^2(p+1)C_2^2\lambda_{min}^{-1}(\Psi^T\Psi))^{1/2} C_3^{-1/2} \left(n/p^{1/r}\right)^{1/2} p^{1/(2r)} \\
&\quad \times \sup_x |\psi(x)^T \alpha_n - m(x)| \\
|v(x)^{1/2}Q_2| &\leq (\sigma^2(p+1)C_2^2\lambda_{min}^{-1}(\Psi^T\Psi))^{1/2} \sigma^{-1} \left(n/p^{1/r}\right)^{1/2} p^{1/(2r)} \\
&\quad \times \sup_x |m(x) - \psi(x)^T \alpha_n|
\end{aligned}$$

両式とも右辺は $x$ の値に依存せず B3, B4, B5 より 0 に収束するので

$$\sup_x |E[\hat{m}(x)] - m(x)| \to 0 \tag{2.18}$$

また，コーシー＝シュワルツの不等式と B1, B5, B8 より

$$\begin{aligned}
&E\left[\sup_x(\hat{m}(x) - E[\hat{m}(x)])^2\right] \\
&= E\sup_x(\psi(x)^T(\Psi^T\Psi)^{-1}\Psi^T\epsilon)^2 \\
&\leq E\sup_x(\psi(x)^T(\Psi^T\Psi)^{-1}\psi(x)\epsilon^T\Psi(\Psi^T\Psi)^{-1}\Psi^T\epsilon) \\
&= \sup_x(\psi(x)^T(\Psi^T\Psi)^{-1}\psi(x))E[\epsilon^T\Psi(\Psi^T\Psi)^{-1}\Psi^T\epsilon] \\
&= \sigma^2\sup_x(\psi(x)^T(\Psi^T\Psi)^{-1}\psi(x))tr(\Psi(\Psi^T\Psi)^{-1}\Psi^T) \\
&\leq \sigma^2\sup_x(\psi(x)^T\psi(x))\lambda_{min}^{-1}(\Psi^T\Psi)(p+1) \\
&\leq \sigma^2(p+1)C_2^2\lambda_{min}^{-1}(\Psi^T\Psi)(p+1) \to 0 \tag{2.19}
\end{aligned}$$

(2.18), (2.19) と三角不等式とコーシー＝シュワルツの不等式から

$$E[\sup_x (\hat{m}(x) - m(x))^2] \to 0$$

を得る．したがって

$$\sup_x |\hat{m}(x) - m(x)| \xrightarrow{p} 0$$

が成立する． ∎

## 2.4 ノンパラメトリック加法回帰モデル

前節で述べたように，ノンパラメトリック重回帰推定量は説明変数の次元が上がるとともに収束が遅くなる．しかし，回帰が加法的に分解可能，つまり

$$m(x_1, x_2, \ldots, x_d) = c_0 + m_1(x_1) + m_2(x_2) + \cdots + m_d(x_d) \qquad (2.20)$$

と書けるとき，次元の呪いを回避した推定が可能である．推定には大きく分けて Backfitting (BF) 法，Marginal Integration (MI) 法，2段階 (TS) 法の三つのやり方がある．識別のために $E[Y_1] = c_0$ で $E[m_1(X_1)] = E[m_2(X_2)] = \cdots = E[m_d(X_d)] = 0$ とする．$k = 1, \ldots, d$ として，BF 法は

$$E[Y - c_0 - m_1(X_1) - m_2(X_2) - \cdots - m_d(X_d)|X_k] = 0$$

MI 法は

$$E[m(X_1, \ldots, X_{k-1}, x_k, X_{k+1}, \ldots, X_d) - c_0 - m_k(x_k)] = 0$$

というモーメント条件を用いる．TS 法は $m_k(x_k)$ をシリーズ展開し，一段階目ですべての $m_k(x_k)$ をノンパラメトリックにシリーズ推定し，その推定結果を $\tilde{m}_j$ $(j = 1, \ldots, d)$ とする．これを用いて，二段階目は $X_k$ を説明変数，$Y_i - \sum_{j \neq k} \tilde{m}_j(X_{ji})$ を被説明変数とする NW カーネル法か局所多項式法によって改めて $m_k$ の推定量を構成する方法である．

BF 法に関しては，Härdle, Müller, Sperlich and Werwatz (2004) の 8.1 節が簡単かつ明快に説明しているので，それに沿って $d = 2$ の場合について解説する．BF 法のモーメント条件を書き換えると

$$m_1(X_1) = E[Y - c_0 | X_1] - E[m_2(X_2) | X_1]$$
$$m_2(X_2) = E[Y - c_0 | X_2] - E[m_1(X_1) | X_2] \tag{2.21}$$

となる. ここで, $j = 1, 2,\ k = 1, 2$ に対して作用素 $\mathcal{I},\ \mathcal{P}_j$ を

$$\mathcal{P}_j\, m_k(X_k) = E[m_k(X_k) | X_j]$$
$$\mathcal{I}\, m_k(X_k) = m_k(X_k)$$

と定義すると,

$$\begin{pmatrix} \mathcal{I} & \mathcal{P}_1 \\ \mathcal{P}_2 & \mathcal{I} \end{pmatrix} \begin{pmatrix} m_1(X_1) \\ m_2(X_2) \end{pmatrix} = \begin{pmatrix} \mathcal{P}_1(Y - c_0) \\ \mathcal{P}_2(Y - c_0) \end{pmatrix}$$

と書ける.

$\bar{Y} = \frac{1}{n}\sum_{i=1}^{n} Y_i$ は $c_0$ に対して $n^{-1/2}$-一致性を持つから, $\mathcal{P}_j$ を NW カーネル平滑化推定で置き換えると

$$\tilde{Y} = (Y_1 - \bar{Y}, \ldots, Y_n - \bar{Y})^T$$
$$M_k = (m_k(X_{k1}), \ldots, m_k(X_{kn}))^T$$
$$S_j = \begin{pmatrix} \frac{\frac{1}{nh}K(\frac{X_{j1}-X_{j1}}{h})}{\hat{f}_j(X_{j1})} & \frac{\frac{1}{nh}K(\frac{X_{j2}-X_{j1}}{h})}{\hat{f}_j(X_{j1})} & \cdots & \frac{\frac{1}{nh}K(\frac{X_{jn}-X_{j1}}{h})}{\hat{f}_j(X_{j1})} \\ \frac{\frac{1}{nh}K(\frac{X_{j1}-X_{j2}}{h})}{\hat{f}_j(X_{j2})} & \frac{\frac{1}{nh}K(\frac{X_{j2}-X_{j2}}{h})}{\hat{f}_j(X_{j2})} & \cdots & \frac{\frac{1}{nh}K(\frac{X_{jn}-X_{j2}}{h})}{\hat{f}_j(X_{j2})} \\ \vdots & \vdots & \ddots & \vdots \\ \frac{\frac{1}{nh}K(\frac{X_{j1}-X_{jn}}{h})}{\hat{f}_j(X_{jn})} & \frac{\frac{1}{nh}K(\frac{X_{j2}-X_{jn}}{h})}{\hat{f}_j(X_{jn})} & \cdots & \frac{\frac{1}{nh}K(\frac{X_{jn}-X_{jn}}{h})}{\hat{f}_j(X_{jn})} \end{pmatrix}$$

として,

$$\begin{pmatrix} I & S_1 \\ S_2 & I \end{pmatrix} \begin{pmatrix} M_1 \\ M_2 \end{pmatrix} = \begin{pmatrix} S_1\tilde{Y} \\ S_2\tilde{Y} \end{pmatrix} \tag{2.22}$$

となる. ただし, $\hat{f}_j(x)$ は $X_j$ のカーネル密度推定量である $(j = 1, 2)$.

これを $M_1, M_2$ について解けば, 説明変数のデータ点で評価された回帰関数の推定値が得られる. 同じことであるが, データ点での評価でなく $\hat{m}_1(x_1)$, $\hat{m}_2(x_2)$ の推定をしたければ, (2.21) を標本に置き換えて

$$\hat{m}_1(x_1) = \frac{\sum_{i=1}^n K(\frac{X_{1i}-x_1}{h})Y_i}{\sum_{i=1}^n K(\frac{X_{1i}-x_1}{h})} - \bar{Y} - \frac{\sum_{i=1}^n K(\frac{X_{1i}-x_1}{h})\hat{m}_2(X_{2i})}{\sum_{i=1}^n K(\frac{X_{1i}-x_1}{h})}$$

$$\hat{m}_2(x_2) = \frac{\sum_{i=1}^n K(\frac{X_{2i}-x_2}{h})Y_i}{\sum_{i=1}^n K(\frac{X_{2i}-x_2}{h})} - \bar{Y} - \frac{\sum_{i=1}^n K(\frac{X_{2i}-x_2}{h})\hat{m}_1(X_{1i})}{\sum_{i=1}^n K(\frac{X_{2i}-x_2}{h})} \tag{2.23}$$

が満たされるように $\hat{m}_1, \hat{m}_2$ を定めればよい．ここでは NW カーネル推定を用いたが，Mammen, Linton and Nielsen (1999) にあるように，局所多項式回帰等，他の条件付き期待値の推定法を用いてもよい．(2.22) の両辺の $S_j$ を含む行列，ベクトルはすべてデータから計算できるので，左辺の逆行列がとれれば $\hat{m}_j$ の推定値が構成できることがわかる．しかし，実際には逆行列が不安定であることが多く，そのために Backfitting と呼ばれる逐次計算アルゴリズムが用いられる．

Step 1: $c_0$ の推定量を $\bar{Y}$，$\hat{m}_2^{(0)} = 0$ とする．

Step 2: $r = 0, 1, 2, \dots$ として $\hat{m}_1^{(r+1)} = S_1\{\tilde{Y} - \hat{m}_2^{(r)}\}$，$\hat{m}_2^{(r+1)} = S_2\{\tilde{Y} - \hat{m}_1^{(r+1)}\}$

Step 3: 収束するまで Step 2 を繰り返す．

$d > 2$ の場合は複雑であるが，$d = 2$ の場合はこの $r+1$ ステップ目の結果を以下のように明示的に書くことができる．

$$\hat{m}_1^{(r+1)} = \sum_{t=0}^r (S_1 S_2)^t S_1 (I - S_2)\tilde{Y}$$

$$\hat{m}_2^{(r+1)} = S_2 \left\{ I - \sum_{t=0}^r (S_1 S_2)^t S_1 (I - S_2) \right\} \tilde{Y}$$

これは，$r \to \infty$ とするときに行列 $S_1 S_2$ のノルムが 1 より小さければ収束する．この逐次計算のために，BF 推定法の漸近的性質の分析は難解であるが，Mammen, Linton and Nielsen (1999) は，smoothed BF と呼ばれる若干異なる BF 法を提案して，その漸近的性質を明らかにした．smoothed BF では，(2.23) と少し違って，

$$\hat{m}_1(x_1) = \frac{\sum_{i=1}^n K\left(\frac{X_{1i}-x_1}{h}\right)Y_i}{\sum_{i=1}^n K\left(\frac{X_{1i}-x_1}{h}\right)} - \bar{Y}$$

$$- \int \hat{m}_2(x_2) \frac{\frac{1}{nh^2}\sum_{i=1}^n K\left(\frac{X_{1i}-x_1}{h}\right)K\left(\frac{X_{2i}-x_2}{h}\right)}{\frac{1}{nh}\sum_{i=1}^n K\left(\frac{X_{1i}-x_1}{h}\right)} dx_2$$

$$\hat{m}_2(x_2) = \frac{\sum_{i=1}^n K\left(\frac{X_{2i}-x_2}{h}\right)Y_i}{\sum_{i=1}^n K\left(\frac{X_{2i}-x_2}{h}\right)} - \bar{Y}$$

$$- \int \hat{m}_1(x_1) \frac{\frac{1}{nh^2}\sum_{i=1}^n K\left(\frac{X_{1i}-x_1}{h}\right)K\left(\frac{X_{2i}-x_2}{h}\right)}{\frac{1}{nh}\sum_{i=1}^n K\left(\frac{X_{2i}-x_2}{h}\right)} dx_1$$

となるように $\hat{m}_1, \hat{m}_2$ を定める．(2.23) との違いは右辺第三項であるが，逐次計算は上のやり方を踏襲する．Mammen らは，この推定量が一定の仮定の下で次のような漸近正規性をもつことを証明した．

$$n^{2/5} \begin{pmatrix} \hat{m}_1(x_1) - m_1(x_1) \\ \hat{m}_2(x_2) - m_2(x_2) \end{pmatrix} \xrightarrow{d} N\left( \begin{pmatrix} b_1(x_1) \\ b_2(x_2) \end{pmatrix}, \begin{pmatrix} v_1(x_1) & 0 \\ 0 & v_2(x_2) \end{pmatrix} \right)$$

$$(2.24)$$

ただし，$b_k(x_k), v_k(x_k)$ はデータの分布に依存する未知の関数である．詳細は Mammen, Linton and Nielsen (1999) の定理 4 を参照のこと．

次に MI 法を概説する．(2.20) の $x_k$ 以外の要素を対応する確率変数で置き換えると

$$m(X_1, \ldots, X_{k-1}, x_k, X_{k+1}, \ldots, X_d)$$
$$= c_0 + m_1(X_1) + \cdots + m_{k-1}(X_{k-1}) + m_k(x_k)$$
$$+ m_{k+1}(X_{k+1}) + \cdots + m_d(X_d)$$

となるが，その両辺の期待値をとると識別の条件から

$$E[m(X_1, \ldots, X_{k-1}, x_k, X_{k+1}, \ldots, X_d)] = c_0 + m_k(x_k)$$

である．したがって，その左辺と $c_0$ が推定できれば，$m_k(x_k)$ はそれらの差によって推定できる．明らかに，$c_0$ は $\bar{Y} = \frac{1}{n}\sum_{i=1}^n Y_i$ で一致推定される．もしも $m(x)$ がわかっていれば，左辺は

$$\frac{1}{n}\sum_{i=1}^{n} m(X_{1i},\ldots,X_{k-1,i},x_k,X_{k+1,i},\ldots,X_{di})$$

によって推定可能であるが，実際には未知であるから，そのノンパラメトリック推定量 $\hat{m}(x)$ で置き換えて

$$\frac{1}{n}\sum_{i=1}^{n} \hat{m}(X_{1i},\ldots,X_{k-1,i},x_k,X_{k+1,i},\ldots,X_{di})$$

とすることが考えられる．すると，

$$\hat{m}_k(x_k) = \frac{1}{n}\sum_{i=1}^{n} \hat{m}(X_{1i},\ldots,X_{k-1,i},x_k,X_{k+1,i},\ldots,X_{di}) - \bar{Y}$$

によって推定される．これを MI 推定量という．

$\hat{m}(x)$ を次の局所線形回帰推定量を使って構成することを考える．$K_{d-1}$ を $d-1$ 次元のカーネル関数として，

$$\min_{\beta_0,\beta_1}\sum_{i=1}^{n}\{Y_i - \beta_0 - \beta_1(X_{ki}-x_k)\}^2 K\left(\frac{X_{ki}-x_k}{h}\right) K_{d-1}\left(\frac{X_{(k)i}-x_{(k)}}{h}\right)$$

を解く．ここで $X_{(k)i}$ と $x_{(k)}$ はそれぞれ $(X_{1i},X_{2i},\ldots,X_{k-1,i},X_{k+1,i},\ldots,X_{di})^T$, $(x_1,x_2,\ldots,x_{k-1},x_{k+1},\ldots,x_d)^T$ を表す．

$$Y_i \approx c_0 + m_k(x_k) + m_k'(x_k)(X_{ki}-x_k)$$
$$+ m_{(k)}(x_{(k)}) + m_{(k)}'(x_{(k)})(X_{(k)i}-x_{(k)}) + \epsilon_i$$
$$= m(x) + m_k'(x_k)(X_{ki}-x_k) + v_i$$

と展開してみると，最小化問題の $\beta_0$ はちょうど $m(x)$ に対応していることがわかる．そのとき，(2.24) の smoothed BF 法推定量と同じオーダーの極限を持つことが知られている．この推定法の漸近的性質を調べるのは比較的簡単であり，たとえば Linton and Härdle (1996) を参照のこと．

TS 法は，Horowitz and Mammen (2004) によって提案された．一段階目は直交基底 $\psi_j(x)$ を用意して

$$m_k(x) \approx \sum_{j=0}^{J} \alpha_{kj}\psi_j(x)$$

という近似によって

$$Y_i = c_0 + m_1(X_{1i}) + m_2(X_{2i}) + \cdots + m_d(X_{di}) + \epsilon_i$$
$$\approx c_0 + \sum_{j=0}^{J} \alpha_{1j}\psi_j(X_{1i}) + \cdots + \sum_{j=0}^{J} \alpha_{dj}\psi_j(X_{di}) + \epsilon_i$$

と書き換え, $\alpha_{kj}, k = 1, \ldots, d, j = 1, \ldots, J$ を OLS 推定する. その推定結果から

$$\tilde{m}_k(x_k) = \sum_{j=0}^{J} \tilde{\alpha}_{kj}\psi_j(x)$$

を構成し, 第二段階で NW カーネル法によって

$$\hat{m}_k(x_k) = \frac{\sum_{i=1}^{n} K(\frac{X_{ki}-x_k}{h})\{Y_i - \sum_{j\neq k}\tilde{m}_j(X_{ji})\}}{\sum_{i=1}^{n} K(\frac{X_{ki}-x_k}{h})}$$

を推定する. この推定量も上の二つの推定量と同じく $n^{2/5}$ のオーダーで収束することが示されている. 詳細は Horowitz and Mammen (2004) を参照のこと. さらに, $\hat{m}_k(x_k)$ の漸近的性質は, それ以外の $m_j(x_j), j \neq k$ が既知で, それらを用いた場合, つまり

$$\hat{m}_k(x_k)^* = \frac{\sum_{i=1}^{n} K(\frac{X_{ki}-x_k}{h})\{Y_i - \sum_{j\neq k}m_j(X_{ji})\}}{\sum_{i=1}^{n} K(\frac{X_{ki}-x_k}{h})}$$

と同じであることが示されている. 実際には $m_j(x_j), j \neq k$ が未知である場合がほとんどであるから, 真の構造を知らなくてもそれと同等の推定が可能であるという意味で, oracle 効率的であるという. BF 法もこの性質をもっているが, MI 法は修正を加えることによってこの性質を持つようにできることが知られている. この点に関しては Horowitz (2009) の 3.1 節が詳しい.

# 第3章

# セミパラメトリック推定法

　本章は，パラメトリックとノンパラメトリックの両方の側面を備えるセミパラメトリックモデルおよびその推定量の性質を述べる．3.1節の導入の後，3.2節では，部分線形モデル，シングルインデックスモデルという二つの代表的なセミパラメトリック回帰モデル，セミパラメトリックな二項選択モデル，Cox の比例ハザードモデルの推定法とその性質を紹介する．そこではそれぞれ特定のモデルを取り扱うが，3.3節では，少し一般的な設定でノンパラメトリックな関数を含むモーメント条件で記述されるクラスの推定問題を考える．3.4節では，一致性を持つセミパラメトリック推定量の漸近分散の下限に関する結果を述べる．これは，パラメトリック推定におけるクラーメル＝ラオの下限に相当する．最後に，3.5節では，ノンパラメトリックな部分の関数が仮に既知であっても，その推定量を用いた方がパラメトリック部分の推定量の分散が小さくなる状況に関する結果を紹介する．

## 3.1　パラメトリックモデル，ノンパラメトリックモデル，セミパラメトリックモデル

　分布の形自体はわかっていて，いくつかのパラメータ（有限次元のパラメータベクトル）の値のみを未知としてサンプルから推定するモデルをパラメトリックモデルという．また，前章でやったように分布の形，回帰関数の形自体が

わからずにそれをサンプルから推定するモデルをノンパラメトリックモデルという.

この章では今まで見てきたノンパラメトリックモデルと異なり，我々が興味を持ついくつかのパラメータ（有限次元のパラメータベクトル）とパラメトリックな定式化では記述できない関数を持つモデルを考える. このようなモデルをセミパラメトリックモデルと呼ぶ.

抽象的な説明ではわかりにくいかもしれないので，具体的な回帰モデルで説明しよう. $Y$ を被説明変数，$X$ を説明変数，$\epsilon$ を誤差項とし

$$Y = X^T \beta + \epsilon \tag{3.1}$$

の関係があるとする. 誤差項 $\epsilon$ が $X$ を条件として $N(0, \sigma^2)$ に従う場合，この関係を表す統計モデルは $X$ の周辺密度関数 $f_X(x)$ を既知として $(X, Y)$ の同時密度関数

$$\frac{1}{\sqrt{2\pi\sigma^2}} \exp\left(-\frac{(y - x^T\beta)^2}{2\sigma^2}\right) f_X(x)$$

で表される. このモデルは有限次元パラメータベクトル $(\beta, \sigma^2)$ がわかると完全に $(X, Y)$ の分布を記述できる. このように有限次元パラメータがわかるとモデルが完全に記述できるものをパラメトリックモデルという.

誤差項の分布がわからない場合，(3.1) は誤差項の条件付き期待値をゼロとして

$$E[Y|X] = X^T\beta \Leftrightarrow \int (y - X^T\beta) f(y|X) dy = 0$$

という有限次元パラメータベクトル $\beta$ と $Y$ の条件付き密度関数 $f(y|x)$ をパラメータとして持つセミパラメトリックモデルとなる. ただし，線形モデルの場合は $Y$ の密度関数がわからない場合でも最小二乗法で $\beta$ を推定できるので $f(y|x)$ を推定する必要はないが，興味のあるパラメータを推定するために未知の関数を推定する必要がある場合も出てくる.

$Y$ の条件付き期待値が $X^T\beta$ であるという仮定までなくすと，モデルにパラメトリックな要素はなくなり，ノンパラメトリックモデル $E[Y|X] = m(X)$ となる.

ノンパラメトリックモデルは定式化に関する仮定が一番少ないため，定式化

に関する誤りを犯す可能性は低い.しかしながら,ノンパラメトリックモデルには定式化の誤りを少なくするためのコストが存在する.ノンパラメトリックモデルには大きく分けて三つの問題がある.

一番目の問題は,前章で見たようにノンパラメトリックモデルの推定の精度は説明変数の数が増えるにつれて急速に下がっていくことである.より正確に述べると,推定量の収束の速度は説明変数が増えるにつれてどんどん遅くなる.その結果,必要な精度の推定量を得るのに非常に多くのサンプルサイズが必要になる.これはノンパラメトリックモデルの避けることのできない短所であり,「次元の呪い」と呼ばれる.

ノンパラメトリック推定量の二番目の問題は推定された関数が簡単な解析的な形を持っていないことである.説明変数が 1 次元,または 2 次元の場合にはグラフで表示することが可能だが,それ以上説明変数が増えるとグラフで表示できず,説明変数と被説明変数の関係がどうなっているかを理解するのが困難になる.

三番目の問題は,予測の問題である.推定に使った説明変数の値が,予測に必要な説明変数の値と大きく異なった場合にはノンパラメトリック推定を使った予測は不可能になる.このことは,ノンパラメトリック推定がモデルの構造を仮定しないことから起こる.また,理論から予測されるような制約,例えば増加関数であるとか凹関数であるという制約をおいて推定するのが不可能ではないが難しい.

そのために,有限次元パラメータで表現できる何らかの構造をモデルの中に導入し,それによって説明変数の次元を縮小することによって「次元の呪い」と他のノンパラメトリックモデルの欠点を解消しようとしたものがセミパラメトリックモデルである.

セミパラメトリックモデルはパラメトリックモデルよりも柔軟にデータをモデル化でき,かつノンパラメトリックに推定する部分の説明変数を減らして「次元の呪い」からのがれている.また,以下で見るように多くのセミパラメトリックモデルでは興味のある有限次元のパラメータの推定量はパラメトリックモデルと同じ $1/\sqrt{n}$ の速度で収束する.

ただし,セミパラメトリックモデルも万能の道具ではない.有限次元パラメータで表現できる構造を導入するということは,その構造に関する仮定が間

違っていた場合にはノンパラメトリックモデルでは心配する必要のなかった定式化の誤りを犯すことになる．また，パラメータの推定効率は正しく設定されたパラメトリックモデルに劣ってしまう．特に，セミパラメトリック推定量の2次のオーダーは一般に $1/n$ よりも遅い．

　計量経済学や医療統計などの様々な分野でセミパラメトリックモデルが利用されている．すべてのセミパラメトリックモデルを紹介することは不可能だが，この章では代表的ないくつかのセミパラメトリックモデルとセミパラメトリック推定量を紹介する．それらの具体的な例を見たあと，より一般的な設定のもとで，セミパラメトリック推定量の分布の導出方法を見ていく．次にセミパラメトリック推定量の効率性を考えるために，セミパラメトリック推定量の分散の下限を求める．最後はノンパラメトリックな局外母数が既知の場合の方が，未知で推定する必要がある場合よりもセミパラメトリック推定量の分散が大きくなることがあるという逆説的な現象について説明する．

## 3.2　代表的なセミパラメトリックモデルと推定量

### 3.2.1　部分線形モデル

　部分線形モデル（partially linear model）は，$g(\cdot)$ を未知の関数として

$$Y = X^T \beta + g(Z) + \epsilon, \quad E[\epsilon|X, Z] = 0 \tag{3.2}$$

によって定義される．ここでは未知の関数である $g(\cdot)$ が無限次元の局外母数とする．

　計量経済学では，女性の賃金の決定要因を推定するために次のような制限従属変数モデルを使うことがある．女性の賃金 $(Y_1^*)$ は説明変数 $X$ の線形モデルによって説明できるとしよう．$X$ には学歴，職歴，年齢などが含まれる．ただし，すべての女性が賃金を得ているわけではなくかなりの割合で家事労働のみを行って労働市場には出てこない女性が存在する．労働市場に参加するのは説明変数を $Z$ として下式の $Y_2^*$ が正になった場合だけであるとしよう．$Z$ には例えば，子供の年齢，子供の数等が含まれる．我々が実際に観察できるのは労働市場に参加している女性の賃金 $(Y)$ のみである．

$$Y_1^* = X^T\beta + u_1$$

$$Y_2^* = Z^T\gamma + u_2$$

$$Y = \begin{cases} Y_1^* & \text{if } Y_2^* \geq 0 \\ 0 & \text{if } Y_2^* < 0 \end{cases}$$

ここで，$u_1, u_2$ は $X, Z$ と独立であるとする．上の関係から賃金を得ている女性の賃金の条件付き期待値を求めると

$$E[Y|X, Z, Y_2^* \geq 0] = X^T\beta + E\left[u_1 \middle| u_2 \geq -Z^T\gamma\right]$$

となる．$(u_1, u_2)$ の分布が例えば 2 次元正規分布であればこれはパラメトリックモデルとして最尤法で推定できるが，$(Y_1^*, Y_2^*)$ が直接観察できるわけではないので仮定したパラメトリックな分布を正当化することは難しい．どのような分布になるかわからない場合は $E\left[u_1|u_2 \geq -Z^T\gamma\right]$ を未知の $Z$ の関数 $g(Z)$ とした部分線形モデルとすることで分布に関する定式化の誤りを避けることができる．

部分線形モデルの被説明変数の条件付き期待値

$$E[Y|X, Z] = X^T\beta + g(Z) \tag{3.3}$$

は $X$ については線形であり，興味対象となるパラメータは $\beta$ であるとする．識別のための条件を考えると，以下で見るように $X$ と $Z$ の間に共通する説明変数を入れることはできない．また，定数項は線形部分に入れることはできない．定数項を $\alpha$ とすると，$g(z)$ の形を指定しないために任意の $c$ に対して $\alpha + g(z)$ と $(\alpha + c) + (g(z) - c)$ が観測上同等となって識別できないからである．

部分線形モデルのパラメータ $\beta$ の推定方法についてはいくつかあるが，ここでは Robinson (1988) による推定量を見てみよう．

$Z$ で条件付けて (3.2) の両辺の期待値をとると，

$$E[Y|Z] = E[X|Z]^T\beta + g(Z) \tag{3.4}$$

を得る．(3.2) から (3.4) を引くと，$g(Z)$ が消えて，

$$Y - E[Y|Z] = \{X - E[X|Z]\}^T\beta + \epsilon$$

を得る. これは線形回帰モデルの形になっており, $E[Y|Z]$ と $E[X|Z]$ がわかれば OLS によって $\beta$ が推定できる.

$$\hat{\beta}^* = \left[\sum_{i=1}^n \{X_i - E[X_i|Z_i]\}\{X_i - E[X_i|Z_i]\}^T\right]^{-1}$$
$$\times \sum_{i=1}^n \{X_i - E[X_i|Z_i]\}\{Y_i - E[Y_i|Z_i]\}$$

これは $E[Y|Z]$ と $E[X|Z]$ が未知なため実現不可能な推定量であるが, この表現から $\beta$ の識別のためには $E[\{X - E[X|Z]\}\{X - E[X|Z]\}^T]$ が正値定符号行列でなければならないことがわかる. そのためには少なくとも, $X$ と $Z$ に共通する変数がないことが必要となる.

推定可能なものを作るには, $E[Y|Z]$ と $E[X|Z]$ を各々のノンパラメトリック推定量 $\hat{\tau}_1(Z), \hat{\tau}_2(Z)$ に置き換えて, $\beta$ を

$$\hat{\beta} = \left[\sum_{i=1}^n \{X_i - \hat{\tau}_2(Z_i)\}\{X_i - \hat{\tau}_2(Z_i)\}^T\right]^{-1} \sum_{i=1}^n \{X_i - \hat{\tau}_2(Z_i)\}\{Y_i - \hat{\tau}_1(Z_i)\}$$

によって推定することができる.

この推定量の漸近分布については 3.3.1 項で扱うことにするが, $\{(Y_i, X_i, Z_i), i = 1, 2, \ldots, n\}$ が $(Y, X, Z)$ の i.i.d. サンプルで, 一定の正則条件を満たすとき, この推定量は一致性と漸近正規性を持つ推定量であることを示すことができる. すなわち,

$$\sqrt{n}(\hat{\beta} - \beta) \xrightarrow{d} N(0, V)$$

が導かれる. ここで $V$ は

$$V = E\left[(X - E[X|Z])(X - E[X|Z])^T\right]^{-1}$$
$$\times E\left[\sigma^2(X, Z)(X - E[X|Z])(X - E[X|Z])^T\right]$$
$$\times E\left[(X - E[X|Z])(X - E[X|Z])^T\right]^{-1}$$

であり，$\sigma^2(X,Z)$ は $\epsilon$ の条件付き分散である．$V$ の形を見てもらえばわかるが，これはノンパラメトリック推定量 $\hat{\tau}_1(Z), \hat{\tau}_2(Z)$ を使わずに本当の条件付き期待値 $E[Y|Z]$ と $E[X|Z]$ を使った場合の $\hat{\beta}^*$ の漸近分散と一致する．したがって，ノンパラメトリック推定量を使った影響は漸近的には無視できる．この，漸近的にノンパラメトリック推定量の影響を無視できる条件も 3.3.1 項（MINPIN 推定量）で説明することにする．

### 3.2.2 シングルインデックスモデル

$Y \in R^1$ が $X \in R^d$ の線形結合の未知関数 $G(\cdot)$ に依存する回帰モデル

$$Y = G(X^T\beta) + \epsilon, \quad E[\epsilon|X] = 0 \tag{3.5}$$

をシングルインデックスモデル（single index model）という．(3.5) は多くのパラメトリックモデルを特殊ケースとして含んでいる．例えば $G(\cdot)$ が恒等関数なら線形モデルであり，$G(\cdot)$ が正規分布の分布関数なら Probit モデル，またロジスティック分布の分布関数ならロジスティック回帰モデルとなる．

シングルインデックスモデルはパラメトリックモデルと異なり，$G(\cdot)$ の形を指定しない．このことは回帰モデルとして，かなりの柔軟性を与える．例えば，Probit モデルやロジスティック回帰モデルのような二値選択のモデルを考えてみる．そのようなモデルは

$$Y = \begin{cases} 1 & \text{if } X^T\beta + \epsilon > 0 \\ 0 & \text{if } X^T\beta + \epsilon \leq 0 \end{cases}$$

という構造を持っていて，$X$ を条件として誤差項 $\epsilon$ が正規分布 $N(0,\sigma^2)$ に従うなら

$$P(Y = 1|X) = P(X^T\beta > -\epsilon) = P\left(X^T\frac{\beta}{\sigma} > \frac{\epsilon}{\sigma}\right) = \Phi\left(X^T\frac{\beta}{\sigma}\right)$$

という Probit モデルとなり，ロジスティック分布なら同様にしてロジスティック回帰モデルと定式化できる．しかし，誤差項の分布が正規分布やロジスティック分布であることを正当化するのは一般には難しい．その分布の設定が間違っていた場合には，誤った統計的推測を行うことになってしまう．シングルインデックスモデルでは $G(\cdot)$ の形を仮定しないので，このような特定化の間

違いは回避することができる.

　ただし, $Y$ の条件付き期待値が (3.5) のような形でない可能性はある. その
ために, (3.5) のモデルを仮定せずに, 直接ノンパラメトリックに $E[Y|X]$ を
推定する方が特定化の誤りを犯さずにすむ. しかし, 説明変数の数が多い場合
($X$ の次元が高い場合) にはこの方法は現実的ではない. なぜなら, その場合
には $E[Y|X]$ の推定量は「次元の呪い」のために収束の速度が非常に遅くな
ってしまうからである.

　それに対して (3.5) の構造を入れることによって, 説明変数がいくつであっ
ても $X^T\beta$ (インデックスと呼ばれる) は 1 次元であるために説明変数が一つ
の場合に条件付き期待値を推定するのと収束の速度が同じになる. 予測の観点
でも (3.5) のような構造を入れる方が有利になる. 直接ノンパラメトリックに
$E[Y|X]$ を推定した場合には, 予測に用いたい説明変数の値 $x^*$ が観測された
説明変数の点 $\{X_1, X_2, \ldots, X_n\}$ から遠い場合は予測の精度は低くなるが, シ
ングルインデックスモデルの場合は $x^*$ が $\{X_1, X_2, \ldots, X_n\}$ から遠くてもイ
ンデックスの値自体が近ければ精度の良い予測値を得られる.

### 3.2.2.1　識別性

　シングルインデックスモデルにはいくつかの推定方法が存在するが, それを
見る前に $\beta$ と $G(\cdot)$ の識別のための条件を考えることにする.

　部分線形モデルと同様に説明変数に定数項があっても識別できない. $G_1$
という関数を $\alpha$ をゼロ以外の定数として $G_1(\nu) = G(\nu + \alpha)$ と定義すると,
$E[Y|X] = G(X^T\beta)$ と $E[Y|X] = G_1(X^T\beta - \alpha)$ は観測上は同値になるので識
別できない. また, 同様に $c$ をゼロ以外の定数としたとき $G_2(\nu) = G(c\nu)$ と
すると, $E[Y|X] = G(X^T\beta)$ と $E[Y|X] = G_2(X^T(\beta/c))$ が区別できないので
ゼロ以外の任意の $c$ について $\beta$ と $c\beta$ を識別できない. つまり, $\beta$ の係数間の
比までしか識別はできない. そのために, 推定の際には $\|\beta\| = 1$ または $\beta$ の
中の一つの係数 ($\beta_1$ としよう) が 1 であると正規化する.

　それ以外にも $G(\nu)$ は定数関数ではないことは当然必要である. また線形回
帰モデルと同様に説明変数が一次独立である (多重共線性が存在しない) こと
も識別のために必要とされる.

　説明変数がすべて離散的だとしよう. その場合はインデックス $X^T\beta$ がとる

ことのできる値も離散となる．その場合，

$$E[Y|X] = G(X^T\beta)$$

を満たす点は離散的になるので，これを満たす $G$ と $\beta$ の組み合わせは無限に存在する．したがって，少なくとも一つは連続な説明変数が必要となる．より詳しい識別の条件は Ichimura (1993) を参照せよ．

### 3.2.2.2 セミパラメトリック最小二乗推定量と
### セミパラメトリック荷重付き最小二乗推定量

このモデルに対して，我々の興味があるパラメータ $\beta$ を推定する方法はいくつかあるが，まず Ichimura (1993) が提案した最小二乗法タイプの推定量を見ることにする．識別条件が満たされ，仮にノンパラメトリック関数 $G(\cdot)$ が既知だとすると，通常の非線形最小二乗法

$$\min_{b \in B} \frac{1}{n} \sum_{i=1}^{n} \{y_i - G(X_i^T b)\}^2$$

または分散が不均一の場合も考慮して，荷重付き非線形最小二乗法

$$\min_{b \in B} \frac{1}{n} \sum_{i=1}^{n} W(X_i)\{Y_i - G(X_i^T b)\}^2$$

で $\beta$ を推定することができる．

$G$ は未知であるが，モデルの構造 (3.5) より，

$$G(x^T\beta) = E[Y|X = x] = E[Y|X^T\beta = x^T\beta]$$

であるので，$\beta$ が与えられると $G(x^T\beta)$ は $Y$ の $X^T\beta = x^T\beta$ が与えられた場合の条件付き期待値としてノンパラメトリックに推定できる．$\hat{G}(x^T b)$ をノンパラメトリック回帰推定量

$$\hat{G}(x^T b) = \frac{\frac{1}{nh} \sum_{j=1}^{n} K\left(\frac{x^T b - X_j^T b}{h}\right) Y_j}{\frac{1}{nh} \sum_{j=1}^{n} K\left(\frac{x^T b - X_j^T b}{h}\right)} \tag{3.6}$$

として

$$\hat{\beta} = \arg \min_b \sum_{i=1}^n \{Y_i - \hat{G}(X_i^T b)\}^2$$

によって推定することが考えられる．ただし識別性のためには $\|\beta\| = 1$ または $\beta_1 = 1$ という制約をおく必要があるが，$\|\beta\| = 1$ を使う場合は推定量の分布を考える場合に単位球面上の分布を考える必要がある．この問題を避けるために，ここでは $\beta_1 = 1$ の正規化を用い $\beta$ の第一要素を除いたものを $\tilde{\beta}$ とし，パラメータ集合もそれに対応したものを $\tilde{B}$ とする．つまり，$\beta = (1, \tilde{\beta}^T)^T$ とする．また，パラメータ集合 $B$ に含まれた任意の要素 $b$ に対して $b = (1, \tilde{b}^T)^T$ とする．それにともない第一要素を除いた説明変数を $\tilde{X}$ としておく．

また，(3.6) の分母は $x^T \beta$ の密度関数の推定量であるが，サンプルが少ないところでは極端にゼロに近い値をとって $\hat{G}(x^T \beta)$ の値が非常に大きくなる可能性がある．そのためにトリミングを施して，また $G(z)$ の推定には $i$ 番目のサンプルを使わない

$$\hat{G}_i(z, b) = \frac{\frac{1}{nh} \sum_{j \neq i}^n 1(X_j \in A_x) K(\frac{z - X_j^T b}{h}) Y_j}{\frac{1}{nh} \sum_{j \neq i}^n 1(X_j \in A_x) K(\frac{z - X_j^T b}{h})}$$

を使う．ここで

$$A_x = \{x : \|x - x^*\| \leq 2h \text{ for some } x^* \in A_\delta\}$$

であり，$A_\delta$ は

$$A_\delta = \{x : f(x^T b, b) \geq \delta > 0 \text{ for all } b \in B\}$$

で定義される説明変数の集合である．また，$f(x^T b, b)$ は $X_1^T b$ の密度関数を表す．したがって，セミパラメトリック最小二乗推定量 (SLS) は

$$\hat{\tilde{\beta}} = \arg \min_{\tilde{b} \in \tilde{B}} \frac{1}{n} \sum_{i=1}^n 1(X_i \in A_\delta) \{Y_i - \hat{G}_i(X_i^T b, b)\}^2$$

で定義される．また，荷重付きセミパラメトリック最小二乗推定量 (WSLS) は，$\hat{G}_i(\cdot, \cdot)$ の代わりに条件付き期待値の推定にも荷重を用いた

$$\hat{G}_{iW}(z,b) = \frac{\frac{1}{nh}\sum_{j\neq i}^{n}1(X_j \in A_x)W(X_i)K(\frac{z-X_j^T b}{h})Y_j}{\frac{1}{nh}\sum_{j\neq i}^{n}1(X_j \in A_x)W(X_i)K(\frac{z-X_j^T b}{h})}$$

を使い

$$\hat{\tilde{\beta}}_W = \arg\min_{\tilde{b}\in\tilde{B}}\frac{1}{n}\sum_{i=1}^{n}1(X_i \in A_\delta)W(X_i)\{Y_i - \hat{G}_{iW}(X_i^T b, b)\}^2$$

で定義される.

$\hat{G}_{iW}(z,b)$ の確率極限を $E_W(z,b)$ とする. 単純だが面倒な計算を行うと $E_W(z,b)$ は次のような形をしていることがわかる. $f(\cdot|\tilde{x},b)$ を $\tilde{X} = \tilde{x}$ で条件付けた $X^T b$ の条件付き密度関数として

$$E_W(z,b) = \frac{E\left[E(Y|Xb=z,\tilde{X})1(X\in A_x)W(X)f(z|\tilde{X},b)\right]}{E\left[1(X\in A_x)W(X)f(z|\tilde{X},b)\right]}$$

$$= \frac{E\left[G(z-\tilde{X}^T(\tilde{b}-\tilde{\beta}))f(z-\tilde{X}^T(\tilde{b}-\tilde{\beta})|\tilde{X})1(X\in A_x)W(X)\right]}{E\left[f(z-\tilde{X}^T(\tilde{b}-\tilde{\beta})|\tilde{X})1(X\in A_x)W(X)\right]}$$

また $\beta$ のもとでは

$$E_W(z,\beta) = G(z)$$

であることがわかる. また,

$$\frac{\partial E_W(X^T\beta,\beta)}{\partial \tilde{b}} = G'(X^T\beta)\left\{\tilde{X} - \frac{E[\tilde{X}W(x)|X^T\beta, X\in A_x]}{E[W(x)|X^T\beta, X\in A_x]}\right\}$$

である. ただし $G'(\cdot)$ は $G(\cdot)$ の導関数である.

以下の仮定のもとで $\hat{\tilde{\beta}}_W$ の漸近正規性を示すことができる.

**S1**    $\{(Y_i, X_i^T) : i = 1, 2, \ldots\}$ は (3.5) を満たす独立同一分布に従う.

**S2**    $\beta$ は識別可能で, コンパクトなパラメータ集合 $B$ の内点である.

**S3**    $A_x$ はコンパクトで荷重関数 $W(x)$ は $A_x$ 上で有界で正の値をとる.

**S4**    $E[Y_1|X_1^T b = t]$ と $f(t,b)$ は $t$ に関して3階連続微分可能で, その3階の偏導関数は $B$ 上ですべての $t \in \{\nu : \nu = x^T b, \ b \in B, \ x \in A_x\}$ に関

してリプシッツ連続である.

**S5** $E|Y_1|^m < \infty$ を満たす $m \geq 3$ が存在する. $Y_i$ の $X_i = x$ が与えられたときの条件付き分散を $\sigma^2(x)$ とすると $A_x$ 上で $0 < \underline{\sigma}^2 < \sigma^2(x) < \bar{\sigma}^2 < \infty$ を満たす $\underline{\sigma}^2$ と $\bar{\sigma}^2$ が存在する.

**S6** カーネル関数 $K$ は 2 階連続微分可能で，2 階導関数はリプシッツ連続である. また，$|\nu| > 1$ では $K(\nu) = 0$，かつ

$$\int K(\nu)d\nu = 1$$

$$\int \nu K(\nu)d\nu = 0$$

**S7** バンド幅 $h$ は $n \to \infty$ のとき

$$\frac{\log h}{nh^{3+3/(m-1)}} \to 0$$

$$nh^8 \to 0$$

を満たす.

**[定理 3.1]** 仮定 $s1$-$s7$ が満たされるとする.

このとき，荷重付きセミパラメトリック最小二乗推定量 $\hat{\beta}$ は漸近的に平均 0，分散共分散行列 $V^{-1}\Sigma V^{-1}$ の正規分布に従う. ここで $V, \Sigma$ はそれぞれ

$$V = 2E\left[1(x \in A_x)W(X)\frac{\partial E_W(X^T\beta, \beta)}{\partial \tilde{b}}\frac{\partial E_W(X^T\beta, \beta)}{\partial \tilde{b}^T}\right]$$

$$\Sigma = 4E\left[1(x \in A_x)W^2(X)\sigma^2(x)\frac{\partial E_W(X^T\beta, \beta)}{\partial \tilde{b}}\frac{\partial E_W(X^T\beta, \beta)}{\partial \tilde{b}^T}\right]$$

である.

この定理の証明はかなり複雑で技術的なものになるので，証明の詳細は Ichimura (1993) を参照してもらいたいが，ここでは Horowitz (2009) をもとにして証明の基本的な考え方を述べることにする. 推定量 $\hat{\beta}_W$ は目的関数

$$\hat{J}_{Wn}(\tilde{b}) = \frac{1}{n}\sum_{i=1}^n 1(X_i \in A_\delta)W(X_i)\{Y_i - \hat{G}_{iW}(X_i^T b, b)\}^2$$

を最小にするので 1 階の条件から

$$\frac{\partial \hat{J}_{Wn}(\hat{\tilde{\beta}})}{\partial \tilde{b}} = 0$$

が成り立つ．ここで真の値 $\tilde{\beta}$ のまわりでテイラー展開をすると $\bar{b}$ を $\hat{\tilde{\beta}}_W$ と $\tilde{\beta}$ の間の値として

$$\sqrt{n}(\hat{\tilde{\beta}} - \tilde{\beta}) = -\left(\frac{\partial^2 \hat{J}_{Wn}(\bar{b})}{\partial \tilde{b}\partial \tilde{b}^T}\right)^{-1} \sqrt{n}\frac{\partial \hat{J}_{Wn}(\tilde{\beta})}{\partial \tilde{b}} \tag{3.7}$$

を得る．上式の右辺の後半は

$$\sqrt{n}\frac{\partial \hat{J}_{Wn}(\tilde{\beta})}{\partial \tilde{b}}$$
$$= -\frac{2}{\sqrt{n}}\sum_{i=1}^{n} 1(X_i \in A_\delta)W(X_i)\{Y_i - \hat{G}_{iW}(X_i^T\beta, \beta)\}\frac{\partial \hat{G}_{iW}(X_i^T\beta, \beta)}{\partial \tilde{b}}$$

となる．ここで，$\hat{G}_{iW}(X_i^T\beta, \beta)$ と $\partial \hat{G}_{iW}(X_i^T\beta, \beta)/\partial \tilde{b}$ が $E_W(X_i^T\beta, \beta)$ と $\partial E_W(X_i^T\beta, \beta)/\partial \tilde{b}$ に十分に速く確率収束するので（Ichimura (1993) の Lemma 5.8-5.10 参照），

$$\sqrt{n}\frac{\partial \hat{J}_{Wn}(\tilde{\beta})}{\partial \tilde{b}}$$
$$= -\frac{2}{\sqrt{n}}\sum_{i=1}^{n} 1(X_i \in A_\delta)W(X_i)\{Y_i - E_W(X_i^T\beta, \beta)\}\frac{\partial E_W(X_i^T\beta, \beta)}{\partial \tilde{b}} + o_p(1)$$
$$= -\frac{2}{\sqrt{n}}\sum_{i=1}^{n} 1(X_i \in A_\delta)W(X_i)\{Y_i - G(X_i^T\beta)\}\frac{\partial E_W(X_i^T\beta, \beta)}{\partial \tilde{b}} + o_p(1)$$

この式の最右辺の第一項は中心極限定理により平均 0，分散共分散行列 $\Sigma$ の正規分布へ分布収束する．

(3.7) の右辺の行列は，

$$\frac{\partial^2 \hat{J}_{Wn}(\bar{b})}{\partial \tilde{b}\partial \tilde{b}^T} = \frac{2}{n}\sum_{i=1}^{n} 1(X_i \in A_\delta)W(X_i)\frac{\partial \hat{G}_{iW}(X_i^T\bar{b}, \bar{b})}{\partial \tilde{b}}\frac{\partial \hat{G}_{iW}(X_i^T\bar{b}, \bar{b})}{\partial \tilde{b}^T}$$
$$- \frac{2}{n}\sum_{i=1}^{n} 1(X_i \in A_\delta)W(X_i)\{Y_i - \hat{G}_{iW}(X_i^T\bar{b}, \bar{b})\}\frac{\partial^2 \hat{G}_{iW}(X_i^T\bar{b}, \bar{b})}{\partial \tilde{b}\partial \tilde{b}^T}$$

である．$\hat{\tilde{\beta}}$ が一致性を持つこと（証明は Ichimura (1993) の Theorem 5.1 参照），および $\hat{G}_{iW}(X_i^Tb, b)$，$\partial \hat{G}_{iW}(X_i^Tb, b)/\partial \tilde{b}$，$\partial^2 \hat{G}_{iW}(X_i^Tb, b)/\partial \tilde{b}\partial \tilde{b}^T$ はそ

れぞれ $E_W(X_i^T b, b)$, $\partial E_W(X_i^T b, b)/\partial\tilde{b}$, $\partial^2 E_W(X_i^T b, b)/\partial\tilde{b}\partial\tilde{b}^T$ に一様確率収束することが示せるので（Ichimura (1993) の Lemma 5.1, 5.6, 5.7 参照），

$$\frac{\partial^2 \hat{J}_{Wn}(\bar{b})}{\partial\tilde{b}\partial\tilde{b}^T}$$
$$= \frac{2}{n}\sum_{i=1}^n 1(X_i \in A_\delta)W(X_i)\frac{\partial E_W(X_i^T\beta, \beta)}{\partial\tilde{b}}\frac{\partial E_W(X_i^T\beta, \beta)}{\partial\tilde{b}^T}$$
$$-\frac{2}{n}\sum_{i=1}^n 1(X_i \in A_\delta)W(X_i)\{Y_i - E_W(X_i^T\beta, \beta)\}\frac{\partial^2 E_W(X_i^T\beta, \beta)}{\partial\tilde{b}\partial\tilde{b}^T} + o_p(1)$$
$$= \frac{2}{n}\sum_{i=1}^n 1(X_i \in A_\delta)W(X_i)\frac{\partial E_W(X_i^T\beta, \beta)}{\partial\tilde{b}}\frac{\partial E_W(X_i^T\beta, \beta)}{\partial\tilde{b}^T}$$
$$-\frac{2}{n}\sum_{i=1}^n 1(X_i \in A_\delta)W(X_i)\{Y_i - G(X_i^T\beta)\}\frac{\partial^2 E_W(X_i^T\beta, \beta)}{\partial\tilde{b}\partial\tilde{b}^T} + o_p(1)$$

が成り立つ．i.i.d. の仮定かつモーメント条件が満たされるために大数の強法則から右辺第一項は $V$ に，第二項は $0$ に概収束する．したがって，

$$\sqrt{n}(\hat{\tilde{\beta}} - \tilde{\beta}) \xrightarrow{d} N(0, V^{-1}\Sigma V^{-1})$$

が成り立つ．

　荷重関数 $W(x)$ の選び方だが，通常の一般化最小二乗法と同様に条件付き分散の逆数 $1/\sigma^2(x)$ に設定することで最も効率的な推定量を得ることができる．また，このように荷重を設定した場合，$A_\delta$ の $\delta$ をゆっくりとゼロに近づけていくことで，後で述べるセミパラメトリック推定量の分散の下限を達成することができる．

　ただし，この推定量は目的関数を数値的に最大化する必要があり，その計算途中で暫定的な $\tilde{b}$ の値ごとにノンパラメトリック回帰を行う必要があるので，かなり計算量が多い推定量になっている．

### 3.2.2.3　average derivatives 推定量

　セミパラメトリック最小二乗推定量より計算量の少ない推定法として averaged derivatives 推定量（Härdle and Stoker (1989)）がある．$g(x) = G(x^T\beta)$ とおくと，$g'(\cdot)$ と $G'(\cdot)$ を $g(\cdot)$ と $G(\cdot)$ の導関数として

$$g'(x) = G'(x^T\beta)\beta \tag{3.8}$$

なので,

$$E[g'(X)] = E[G'(X^T\beta)]\beta = c_1\beta \tag{3.9}$$

となる. $c_1$ はある未知定数である. 3.2.2.1 (識別性) で説明したようにシングルインデックスモデルでは係数間の比までしか識別できないので $E[g'(X)]$ の推定量は $\beta$ の推定量になる. $X$ の密度関数を $f(\cdot)$ として, $g(u)f(u)$ が分布の裾で 0 に収束すると仮定すると,

$$\begin{aligned}
E[g'(X)] &= \int g'(u)f(u)du = g(u)f(u)|_{\partial X} - \int g(u)f'(u)du \\
&= -\int g(u)\frac{f'(u)}{f(u)}f(u)du \\
&= -E\left[g(X)\frac{f'(X)}{f(X)}\right] = -E\left[Y\frac{f'(X)}{f(X)}\right]
\end{aligned}$$

ここで $\partial X$ は $f(x)$ の定義域の境界を表す. $f$ のノンパラメトリック推定量を $\hat{f}$ とすると, これは

$$-\frac{1}{n}\sum_{i=1}^{n}Y_i\frac{\hat{f}'(X_i)}{\hat{f}(X_i)}$$

によって推定できる. ただし, 分母に密度関数の推定量が入るので, 密度関数の値が小さいところでは極端に $\hat{f}(X_i)$ の推定値がゼロに近くなる可能性があるためにこのままの形で推定するには分母のトリミングが必要になる.

分母に確率変数が入るのを避けるために Powell, Stock and Stoker (1989) は荷重付きの average derivative 推定量を提案した. 荷重 $W(x)$ を (3.8) の両辺に掛けて期待値をとると

$$E\left[W(X)g'(X)\right] = E[W(X)G'(X'\beta)\beta] = c_W\beta$$

となり, (3.9) と同じ関係が得られる. ここで荷重に $X$ の密度関数 $f(x)$ を使う. 分布の裾で $g(x)f^2(x)$ がゼロに収束し, $E[\epsilon|X] = 0$ と仮定すると,

$$\delta \equiv c_f \beta = E[f(X)g'(X)]$$

$$= \int g'(x)f^2(x)dx$$

$$= g(x)f^2(x)|_{\partial X} - 2\int g(x)f'(x)f(x)dx$$

$$= -2E[g(X)f'(X)] = -2E[Yf'(X)]$$

を得る．これは

$$\hat{\delta} = -\frac{2}{n}\sum_{i=1}^{n} Y_i \hat{f}'(X_i) \tag{3.10}$$

で推定できる．これを密度関数で荷重した average derivatives 推定量という．この推定量は確率変数を分母に持たないのでトリミングの必要はなく，また密度関数の微分は

$$\hat{f}'(X_i) = \frac{1}{(n-1)h^{d+1}}\sum_{j\neq i}^{n} K'\left(\frac{X_i - X_j}{h}\right) \tag{3.11}$$

で推定することができる．ここで $d$ は $X$ の次元で説明変数の数である．この密度関数の微分の推定量を使うことで，$\hat{\delta}$ は $U$-統計量の表現ができ，直接漸近的な性質を分析できる．(3.11) を (3.10) に代入すると

$$\hat{\delta} = -2\frac{1}{n(n-1)}\sum_{i=1}^{n}\sum_{j\neq i}^{n}\left(\frac{1}{h}\right)^{d+1} Y_i K'\left(\frac{X_i - X_j}{h}\right)$$

微分可能で原点対称なカーネル関数 $K(\cdot)$ を使うと，$K'(u) = -K'(-u)$ なので，

$$\hat{\delta} = -\binom{n}{2}^{-1}\sum_{i=1}^{n-1}\sum_{j=i+1}^{n}\left(\frac{1}{h}\right)^{d+1} K'\left(\frac{X_i - X_j}{h}\right)(Y_i - Y_j)$$

という $U$-統計量の形となる．ただし，$h$ が $n$ に依存するところが通常の $U$-統計量とは異なっている．

　この少し一般化した $U$-統計量を扱うために以下の補題を利用することにする.

$$U_n \equiv \binom{n}{2}^{-1} \sum_{i=1}^{n-1} \sum_{j=i+1}^{n} p_n(Z_i, Z_j)$$

とし, $\{Z_i = (Y_i, X_i^T)^T : i = 1, \ldots, n\}$ は i.i.d., また $p_n(\cdot, \cdot)$ は $d$ 次元の対称な（$U$-統計量の意味での）カーネル, つまり $p_n(Z_i, Z_j) = p_n(Z_j, Z_i)$ である. また, 以下の記号を定義しておく.

$$r_n(Z_i) = E[p_n(Z_i, Z_j)|Z_i]$$

$$\theta_n = E[r_n(Z_i)] = E[p_n(Z_i, Z_j)]$$

$$\hat{U}_n = \theta_n + \frac{2}{n} \sum_{i=1}^{n} (r_n(Z_i) - \theta_n)$$

$\hat{U}_n$ は $U_n$ の射影と呼ばれる.

**[補題 3.2 (Lemma 3.1, Powell, Stock and Stoker (1989))]**
　$E\left[\|p_n(Z_i, Z_j)\|^2\right] = o(n)$ が満たされるなら $\sqrt{n}(U_n - \hat{U}_n) = o_p(1)$ が成立する.

**証明**　これを示すためには $nE\left[\left\|U_n - \hat{U}_n\right\|^2\right] = o(1)$ を示せば十分なのでこれを証明する. ただし, $\|\cdot\|$ はユークリッドノルムとする. $q_n(Z_i, Z_j)$ を

$$q_n(Z_i, Z_j) = p_n(Z_i, Z_j) - r_n(Z_i) - r_n(Z_j) + \theta_n$$

と定義する. そうすると Hoeffding の分解より

$$U_n - \theta_n = \frac{2}{n} \sum_{i=1}^{n} (r_n(Z_i) - \theta_n) + \binom{n}{2}^{-1} \sum_{i=1}^{n-1} \sum_{j=i+1}^{n} q_n(Z_i, Z_j)$$

なので, $U_n - \hat{U}_n$ は

$$U_n - \hat{U}_n = \begin{pmatrix} n \\ 2 \end{pmatrix}^{-1} \sum_{i=1}^{n-1} \sum_{j=i+1}^{n} q_n(Z_i, Z_j)$$

と表すことができるので，$q_n^T(\cdot)$ を $q_n(\cdot)$ の転置として

$$E\left[\left\|U_n - \hat{U}_n\right\|^2\right]$$
$$= \begin{pmatrix} n \\ 2 \end{pmatrix}^{-2} \sum_{i=1}^{n-1} \sum_{j=i+1}^{n} \sum_{l=1}^{n-1} \sum_{m=l+1}^{n} E[q_n^T(Z_i, Z_j)q_n(Z_l, Z_m)]$$

ここで $Z_i, i = 1,\ldots,n$ は各々独立なので，$i < j,\ l < m$ に注意すると $(i,j) \neq (l,m)$ なら $E[q_n^T(Z_i, Z_j)q_n(Z_l, Z_m)] = 0$ である．したがって，残る項は

$$E\left[\left\|U_n - \hat{U}_n\right\|^2\right] = \begin{pmatrix} n \\ 2 \end{pmatrix}^{-2} \sum_{i=1}^{n-1} \sum_{j=i+1}^{n} E\left[\|q_n(Z_i, Z_j)\|^2\right]$$
$$= \begin{pmatrix} n \\ 2 \end{pmatrix}^{-1} E\left[\|q_n(Z_i, Z_j)\|^2\right]$$

仮定より $E\left[\|q_n(Z_i, Z_j)\|^2\right] = o(n)$ なので

$$nE\left[\left\|U_n - \hat{U}_n\right\|^2\right] = n \begin{pmatrix} n \\ 2 \end{pmatrix}^{-1} o(n) = o(1)$$

を得る． ∎

この補題を使うために

$$E\left[\left\|\left(\frac{1}{h}\right)^{d+1} K'\left(\frac{X_i - X_j}{h}\right)(Y_i - Y_j)\right\|^2\right]$$

を評価してみると $v(X) = E[Y^2|X]$ として

$$E\left[\left\|\left(\frac{1}{h}\right)^{d+1}K'\left(\frac{X_i-X_j}{h}\right)(Y_i-Y_j)\right\|^2\right]$$

$$=\left(\frac{1}{h}\right)^{2(d+1)}\int\left\|K'\left(\frac{x_i-x_j}{h}\right)\right\|^2[v(x_i)+v(x_j)$$

$$-2g(x_i)g(x_j)]\,f(x_i)f(x_j)dx_idx_j$$

$$=\left(\frac{1}{h}\right)^{d+2}\int\left\|K'(u)\right\|^2[v(x_i)+v(x_i+hu)$$

$$-2g(x_i)g(x_i+hu)]\,f(x_i)f(x_i+hu)dx_idu$$

$$=O(h^{-(d+2)})=O(n/(nh^{d+2}))$$

であるので，これが $o(n)$ になるためには $n\to\infty$ のとき

$$nh^{d+2}\to\infty$$

が必要になる.

　$\hat{\delta}$ の漸近正規性は次の定理で示される．$P$ を $d$ が偶数の場合には $P\geq(d+4)/2$，$d$ が奇数の場合には $P\geq(d+3)/2$ とする.

[**定理 3.3**]　次の仮定が満たされるとする.

1. $\{Z_i=(Y_i,X_i^T)^T:i=1,\ldots,n\}$ は i.i.d. サンプルで (3.5) を満たす．確率変数 $X\in R^d$ は密度関数 $f(x)$ を持ち，$f(x)$ の台は内部が空でない凸集合である．また，$f(x)$ のすべての導関数は $P+1$ 階まで存在する．また，すべての $x\in\partial X$ について $g(x)f^2(x)=0$.

2. 確率変数 $\partial g(X)/\partial x$，$[\partial f(X)/\partial x][Y,X^T]$ は有限の二次モーメントを持つ．また $\partial f/\partial x$ と $\partial(fg)/\partial x$ は次のようなリプシッツ条件を満たす．すなわち，

$$\left\|\frac{\partial f(x+\nu)}{\partial x}-\frac{\partial f(x)}{\partial x}\right\|<m(x)\|\nu\|,$$

$$\left\|\frac{\partial f(x+\nu)g(x+\nu)}{\partial x}-\frac{\partial f(x)g(x)}{\partial x}\right\|<m(x)\|\nu\|,$$

$$E[(1+|Y|+\|X\|)m(X)]^2<\infty$$

を満たす $m(x)$ が存在する．また，$v(x) = E[Y^2|X = x]$ は連続関数とする．

3. カーネル関数 $K(\cdot)$ は原点に対して対称で，有界で微分可能な関数．$\int K(u)du = 1$. $\{l_i\}, i = 1, 2, \ldots, d$ を自然数とし，すべての $l_1 + l_2 + \cdots + l_d < P$ に対して $\int u_1^{l_1} u_2^{l_2} \cdots u_d^{l_d} K(u)du = 0$ かつある $l_1 + l_2 + \cdots + l_d = P$ に対して $\int u_1^{l_1} u_2^{l_2} \cdots u_d^{l_d} u^P K(u)du \neq 0$ かつ $\left| \int u_1^{l_1} u_2^{l_2} \cdots u_d^{l_d} u^P K(u)du \right| < \infty$.

4. バンド幅 $h$ は $n \to \infty$ のとき $nh^{2P} \to 0$, $nh^{d+2} \to \infty$ を満たす．

このとき

$$\sqrt{n}(\hat{\delta} - \delta) \xrightarrow{d} N(0, \Sigma_\delta)$$

が成り立つ．ここで，

$$\Sigma_\delta = 4E[r(Z_i)r(Z_i)^T] - 4\delta\delta^T$$

であり，また

$$r(Z_i) = f(X_i)\frac{\partial g(X_i)}{\partial X_i} - [Y_i - g(X_i)]\frac{\partial f(X_i)}{\partial X_i}$$

　この定理の証明の概略を示す．補題 3.2 と同じ記号を使い

$$p_n(Z_i, Z_j) = -\left(\frac{1}{h}\right)^{d+1} K'\left(\frac{X_i - X_j}{h}\right)(Y_i - Y_j)$$

として，定理の中にあるように $r(Z_i)$ を

$$r(Z_i) = f(X_i)\frac{\partial g(X_i)}{\partial X_i} - [Y_i - g(X_i)]\frac{\partial f(X_i)}{\partial X_i}$$

と定義する．補題 3.2 から

$$\sqrt{n}(\hat{\delta} - E[\hat{\delta}]) = \sqrt{n}(U_n - E[\hat{\delta}]) = \sqrt{n}(\hat{U}_n - E[\hat{\delta}]) + o_p(1)$$
$$= \frac{2}{\sqrt{n}}\sum_{i=1}^{n}(r_n(Z_i) - E[r_n(Z_i)]) + o_p(1) \tag{3.12}$$

このとき $r_n(Z_j)$ は

$$r_n(Z_i) = E[p_n(Z_i, Z_j)|Z_i]$$

$$= -\int \left(\frac{1}{h}\right)^{d+1} K'\left(\frac{X_i - x}{h}\right)(Y_i - g(x))f(x)dx$$

$$= \int \left(\frac{1}{h}\right) K'(u)(Y_i - g(X_i + hu))f(X_i + hu)du$$

$$= \int \frac{\partial(gf)(X_i + hu)}{\partial x}K(u)du - Y_i \int \frac{\partial f(X_i + hu)}{\partial x}K(u)du$$

$$= r(Z_i) + \int \left(\frac{\partial(gf)(X_i + hu)}{\partial x} - \frac{\partial(gf)(X_i)}{\partial x}\right)K(u)du$$

$$\qquad - Y_i \int \left(\frac{\partial f(X_i + hu)}{\partial x} - \frac{\partial f(X_i)}{\partial x}\right)K(u)du$$

$$\equiv r(Z_i) + t_n(Z_i)$$

と表せる. これを (3.12) に代入すると,

$$\sqrt{n}(\hat{\delta} - E[\hat{\delta}])$$

$$= \frac{2}{\sqrt{n}}\sum_{i=1}^{n}(r_n(Z_i) - E[r_n(Z_i)]) + o_p(1)$$

$$= \frac{2}{\sqrt{n}}\sum_{i=1}^{n}(r(Z_i) - E[r(Z_i)]) + \frac{2}{\sqrt{n}}\sum_{i=1}^{n}(t_n(Z_i) - E[t_n(Z_i)]) + o_p(1)$$

を得る. ここで上式右辺の第二項は仮定 2 より二次モーメントを持ち, それは $4h^2\{E[(1+|Y|)m(X)]^2\left[\int \|u\|\,|K(u)|\,du\right]^2 = O(h^2)$ で押さえることができる. よって, $\sqrt{n}(\hat{\delta} - E[\hat{\delta}])$ の分布は漸近的に上式第一項で決まり, Lindeberg-Levy の中心極限定理より

$$\sqrt{n}(\hat{\delta} - E[\hat{\delta}]) \xrightarrow{d} N(0, 4E[(r(Z_i)r(Z_i)^T) - 4\delta\delta^T])$$

が成り立つ.

最後に $E[\hat{\delta}]$ を評価しておく.

$$E[\hat{\delta}] = -2 \int \frac{1}{h^{d+1}} K'\left(\frac{x_i - x_j}{h}\right) g(x_i) f(x_i) f(x_j) dx_i dx_j$$

$$= 2\frac{1}{h} \int K'(u) g(x) f(x) f(x + hu) dx du$$

$$= -2 \int K(u) g(x) f(x) \frac{\partial f(x + hu)}{\partial x} dx du$$

これは仮定 $1, 2$ のもとで $P$ 次まで $h = 0$ のまわりでテイラー展開可能であり，かつ仮定 $3$ よりカーネル関数 $K(u)$ は $P$ 次カーネルなので $P - 1$ 次までのテイラー展開の係数はゼロとなり

$$E[\hat{\delta}] = \delta + O(h^P)$$

が成り立つ．したがって，仮定 $4$ の $nh^{2P} \to 0$ が満たされていると

$$\sqrt{n}(E[\hat{\delta}] - \delta) = O(\sqrt{n}h^P) = o(1)$$

なので，定理の結論

$$\sqrt{n}(\hat{\delta} - \delta) \xrightarrow{d} N(0, \Sigma_\delta)$$

が成り立つ．

　average derivatives 推定量は推定量の構造が $U$-統計量となっていて分析しやすいため，より高次の漸近展開が知られている．詳しくは Nishiyama and Robinson (2000, 2001) を見よ．

### 3.2.3　二項選択モデル

　シングルインデックスモデルの特殊ケースとして次のような二項選択モデルを考えよう．

$$Y = \begin{cases} 1 & (X^T\beta - \epsilon > 0 \text{ の場合}) \\ 0 & (X^T\beta - \epsilon \leq 0 \text{ の場合}) \end{cases}$$

　$\epsilon$ の分布関数が既知な場合，$\epsilon$ の分布関数を $F(\cdot)$ とすると，$Y$ は確率 $F(X^T\beta)$ で $1$ をとり，確率 $1 - F(X^T\beta)$ でゼロをとるベルヌーイ試行となる．したがって対数尤度関数

$$L(b) \equiv \sum_{i=1}^{n} \left\{ Y_i \log F(X_i^T b) + (1 - Y_i) \log(1 - F(X_i^T b)) \right\} \tag{3.13}$$

を最大にするように $b$ を選べば最尤推定量を得られる．$F(\cdot)$ として標準正規分布を仮定するときにはプロビットモデル，ロジスティック分布とすればロジットモデルである．

Klein and Spady (1993) はこの二項選択モデルで $F(\cdot)$ が未知な場合の $\beta$ のセミパラメトリック推定量を提案した．3.2.2.1 で述べた識別条件から定数項は識別できないので説明変数 $X$ に定数項は含まないものとする．また，$\beta$ の係数間の比までしか識別できないので $\beta_1 = 1$ の正規化を行い $\beta$ の第一要素を除いたものを $\tilde{\beta}$ とし，パラメータ集合もそれに対応したものを $\tilde{B}$ とする．つまり，$\beta = (1, \tilde{\beta}^T)^T$ とする．また，パラメータ集合 $B$ に含まれた任意の要素 $b$ に対して $b = (1, \tilde{b}^T)^T$ とする．それにともない第一要素を除いた説明変数を $\tilde{X}$ としておく．$Y$ の条件付き期待値を考えると，

$$E[Y|X] = E[Y|X^T \beta] = F(X^T \beta)$$

なのでシングルインデックスモデルのセミパラメトリック最小二乗推定量と同様に $E[Y|X^T b]$ を推定する．その推定量

$$\hat{G}(X_i^T b) = \frac{\frac{1}{nh} \sum_{j \neq i}^{n} K(\frac{X_i^T b - X_j^T b}{h}) Y_j}{\frac{1}{nh} \sum_{j \neq i}^{n} K(\frac{X_i^T b - X_j^T b}{h})}$$

を $F(X_i^T b)$ の代わりに (3.13) に代入した

$$\hat{L}(\tilde{b}) = \sum_{i=1}^{n} \left\{ Y_i \log \hat{G}(X_i^T b) + (1 - Y_i) \log(1 - \hat{G}(X_i^T b)) \right\}$$

を最大にするように $\tilde{\beta}$ を推定することを Klein and Spady (1993) は提案した．これを $\hat{b}_{KS}$ としよう．

Klein and Spady (1993) はトリミングの導入，高次カーネルの使用，いくつかの正則条件のもとで，

$$\sqrt{n}(\hat{b}_{KS} - \tilde{\beta}) \xrightarrow{d} N(0, \Sigma_{KS})$$

$$\Sigma_{KS} = \left( E \left[ \{\tilde{X} - E[\tilde{X}|X^T\beta]\}\{\tilde{X} - E[\tilde{X}|X^T\beta]\}^T \frac{f(X^T\beta)^2}{F(X^T\beta)(1 - F(X^T\beta))} \right] \right)^{-1}$$

であることを示した．ただし，$f(\cdot) = F'(\cdot)$ である．この分散共分散行列は $\epsilon$ と $X$ が独立な場合のセミパラメトリック推定量の分散の下限（3.4 節を参照）に一致している．したがって，セミパラメトリックな二項選択モデルの推定量の中でこれよりも効率的な推定量は存在しない．

これを回帰モデル

$$Y = F(X^T\beta) + e, \quad E[e|X] = 0, \quad Var(e|X) = F(X^T\beta)(1 - F(X^T\beta))$$

として，セミパラメトリック最小二乗法で推定すると，荷重を $W(x) = F(x^T\beta)(1 - F(x^T\beta))$ に設定した場合（$F(x^T\beta)$ が未知なので不可能だが）にちょうど推定量の分散共分散行列が $\Sigma_{KS}$ と等しくなるのがわかる．

## 3.2.4　Cox 比例ハザードモデル

すべてのセミパラメトリック推定量がノンパラメトリックな関数の推定を必要とするわけではない．例えば，誤差項の分布にパラメトリックな仮定をおかない線形回帰モデルは誤差項の分布を未知とするセミパラメトリックモデルだが，説明変数の係数の推定に最小二乗法を使えば誤差項の分布のノンパラメトリックな推定は必要ない．

同様に，生存時間解析で使われる Cox 比例ハザードモデルもノンパラメトリックな関数の推定をすることなしにセミパラメトリック推定量を得ることができる．これは最もよく使われるセミパラメトリック推定量の一つである．この推定量を説明するためにまず生存時間解析のいくつかの用語を説明することにする．

非負の確率変数 $T$ を生存時間と呼ぼう．通常これはある出来事（イベント）が起こるまでの時間と考える．$T$ の例としては胃がんの手術を行ってから亡くなるまでの時間や，機械が初めて故障するまでの時間等がある．$T$ は密度関数 $f(t)$，累積分布関数 $F(t)$ を持つとする．生存時間解析では $T$ が $t$ 以上になる確率を表す生存関数（survival function）

$$S(t) \equiv P(T \geq t) = 1 - F(t)$$

と瞬間死亡率とも呼ばれるハザード関数（hazard function）

$$\lambda(t) = \lim_{\Delta t \to 0} \frac{P(t \leq T \leq t + \Delta t | T \geq t)}{\Delta t}$$

を重視する．これは時刻 $t$ まで生きていた人が $t + \Delta t$ までの間に死ぬ確率の極限になっている．ハザード関数を重視するのは，一般に完全には $T$ は観察されず，観察打ち切り（censoring）になる場合が多々あるからである．例えば，ある手術から死亡までの時間を $T$ とした場合に研究期間中に死亡しない場合は $T$ はある値以上であることしかわからない．それに対して，ハザード関数の実現値は観察打ち切り例がサンプル中に存在しても打ち切られなかったサンプルから観測可能である．また，これを変形していくと

$$\begin{aligned}
\lambda(t) &= \lim_{\Delta t \to 0} \frac{S(t) - S(t + \Delta t)}{S(t)\Delta t} \\
&= \frac{1}{S(t)} \lim_{\Delta t \to 0} \frac{F(t + \Delta t) - F(t)}{\Delta t} \\
&= \frac{f(t)}{S(t)} = \frac{dF(t)/dt}{1 - F(t)}
\end{aligned} \tag{3.14}$$

なので，$\lambda(t)$ が与えられたとすると

$$\Lambda(t) = \int_0^t \lambda(u)du = \int_0^t \frac{dF(u)}{1 - F(u)} = -\log(1 - F(u))\big|_0^t = -\log S(t)$$

ここでは，$F(0) = 0$ を使っている．これを使うと $S(t)$ は

$$S(t) = \exp\left(-\int_0^t \lambda(u)du\right) = \exp(-\Lambda(t))$$

となるので，$\lambda(t)$ が推定できると $S(t)$ も推定できることになる．

一般にはハザード関数は $t$ だけでなく一組の説明変数 $X$ にも依存している．$\lambda(t|X)$ を説明変数 $X$ を持つ，時刻 $t$ でのハザード関数だとしよう．Cox の比例ハザードモデルはこのハザード関数を

$$\lambda(t|X) = \lambda_0(t)\exp(X^T\beta) \tag{3.15}$$

のように，ノンパラメトリックなハザード関数 $\lambda_0(t)$（基準ハザード，ベース

ラインハザード（baseline hazard）と呼ばれる），説明変数 $X$ と有限次元パラメータ $\beta$ の関数 $\exp(X^T\beta)$ の積でセミパラメトリックにモデル化する．ただし，$X$ は時間に依存しないものとする．

(3.15) が満たされると二つの説明変数の組 $X_1$ と $X_2$ に対応したハザード関数は任意の時間 $t$ で

$$\frac{\lambda(t|X_1)}{\lambda(t|X_2)} = \frac{\exp(X_1^T\beta)}{\exp(X_2^T\beta)}$$

となり，ハザード関数の比が一定となる．このために比例ハザードと呼ばれる．

$T_i, i = 1, 2, \ldots, n$ を比例ハザードモデルに従う独立な正の連続的に分布する確率変数だとする．我々はすべての $T_i$ を観測できるわけではなく，打ち切り時刻 $C_i$ までしか観測できないとする．打ち切り時刻は非確率変数の場合も確率変数の場合もあるが，確率変数の場合は $T_i$ と互いに独立と仮定する．打ち切りされたかどうかを表す変数を $\delta_i = I\{T_i \le C_i\}$ としよう．つまり観測可能なサンプルは $\{(T_i \wedge C_i, \delta_i, X_i) : i = 1, 2, \ldots, n\}$ である．

ここでリスク集合

$$R(t) = \{i : T_i \ge t \text{ and } C_i \ge t\}$$

を定義する．これは時刻 $t$ までに打ち切りもイベントの発生もないサンプルの集合を表している．

時刻 $t$ でのリスク集合 $R(t)$ を与えられたものとして，時刻 $t$ から $t + \Delta t$ である一つの個体にイベントが発生するという条件付きで，時刻 $t + \Delta t$ で個体 $i$ にイベントが発生する確率は

$P(i$ 番目の個体にイベント発生 | ある個体に時刻 $t$ でイベント発生$)$

$$= \frac{\lambda_0(t)\exp(X_i^T\beta)\Delta t}{\sum_{j \in R(t)} \lambda_0(t)\exp(X_j^T\beta)\Delta t}$$

$$= \frac{\exp(X_i^T\beta)}{\sum_{j \in R(t)} \exp(X_j^T\beta)}$$

となり，ちょうど未知のベースラインハザード関数が分子と分母から消える．ベースラインハザード関数の形は任意なので $T_i$ の値自体には $\beta$ に関する情報

が含まれていないと考えるのは合理的であろう.

Cox (1972) はこの確率を用いて

$$L(\beta) = \prod_{T_i \leq C_i} \frac{\exp(X_i^T \beta)}{\sum_{j \in R(T_i)} \exp(X_j^T \beta)} \tag{3.16}$$

$$= \prod_{i=1}^{n} \left( \frac{\exp(X_i^T \beta)}{\sum_{j \in R(T_i)} \exp(X_j^T \beta)} \right)^{\delta_i} \tag{3.17}$$

をあたかも $\beta$ の尤度関数のように扱って,$\beta$ の推定,検定方法を提案した.
(3.16) は部分尤度関数と呼ばれる.この部分尤度関数が $\beta$ と累積ハザード関数 $\Lambda$ をパラメータとする尤度関数から $\Lambda$ を消した profile 尤度関数であることが Johansen (1983) や Bailey (1984) によって示されている.この部分尤度を使う方法は Cox 回帰,部分尤度法と呼ばれ,Cox はこの推定量が通常の最尤法と同じく一致性,漸近正規性を持つと推測したが厳密な証明は行わなかった.

この部分尤度関数の対数をとった対数部分尤度関数を見てみると

$$\ell(\beta) = \log L(\beta) = \sum_{i=1}^{n} \delta_i \left( X_i^T \beta - \log \left( \sum_{j \in R(T_i)} \exp(X_j^T \beta) \right) \right) \tag{3.18}$$

となるが,リスク集合 $R(T_i)$ が入っていることで元のサンプルが独立でも対数部分尤度関数は独立な確率変数の和とはならず,それが問題を複雑にしている.比例ハザードモデルの部分尤度推定量の一致性と漸近正規性は Tsiatis (1981) が独立な確率変数の和で近似することで証明した.

Andersen and Gill (1982) は比例ハザードモデルを計数過程として見通しのいい定式化を行い,マルチンゲール中心極限定理を利用して漸近正規性を証明している.ここでは Andersen and Gill (1982) の方法に基づいて直感的に説明しよう.

計数過程 $N_i(t), Y_i(t)$ を次のように定義する.

$$N_i(t) = I\{T_i \leq t, T_i \leq C_i\}$$

$$Y_i(t) = I\{T_i \geq t, C_i \geq t\}$$

つまり,$N_i(t)$ は $i$ 番目のサンプルにイベントが発生したら 1 にジャンプする

計数過程で，$Y_i(t)$ は時刻 $t$ 直前にリスク集合に入っていたら 1，リスク集合から出ると 0 になる．$(N_i(t), Y_i(t), X_i)$ は $(T_i \wedge C_i, \delta_i, X_i)$ が持つ情報をすべて持っていることになる．

時刻 $t$ 直前までの情報を与えられたものとして $(t, t+dt)$ の間で $i$ 番目の個体にイベントが起こる確率 $\lambda_i(t)dt$ は比例ハザードモデルの場合

$$\lambda_i(t)dt = Y_i(t)\lambda_0(t)\exp(X_i^T\beta)dt \tag{3.19}$$

となる．時刻 $t$ 直前までの情報を与えられると $Y_i(t), \lambda_i(t)$ はともに確率変数ではなくなる．このような過程を予測可能過程と呼ぶ．時刻 $t$ までのすべての情報で作られるフィルトレーションを $\mathcal{F}_t$ とする．(3.19) は微小時間 $dt$ 内でイベントが起こる確率なので

$$\lambda_i(t)dt = E[dN_i(t)|\mathcal{F}_{t-}]$$

または $dM_i(t) \equiv dN_i(t) - \lambda_i(t)dt$ と定義すると $E[dM_i(t)|\mathcal{F}_{t-}] = 0$ である．つまり (3.19) は

$$M_i(t) = N_i(t) - \int_0^t \lambda_i(s)ds$$

がマルチンゲールであることを意味する．

確率過程による定式化を使って対数部分尤度関数を表現すると

$$\ell(\beta) = \sum_{i=1}^n \int_0^\infty \left\{ X_i^T\beta - \log\left(\sum_{j=1}^n Y_j(t)\exp(X_j^T\beta)\right) \right\} dN_i(t)$$

と表せる．

$E_0(t)$ を

$$E_0(t) = \frac{\sum_{i=1}^n X_i Y_i(t)\exp(X_i^T\beta)}{\sum_{i=1}^n Y_i(t)\exp(X_i^T\beta)}$$

と定義して，$\sqrt{n}$ で正規化した対数部分尤度関数のスコアを見てみると

$$\frac{1}{\sqrt{n}}\frac{\partial \ell(\beta)}{\partial \beta} = \frac{1}{\sqrt{n}}\sum_{i=1}^{n}\int_0^\infty \left( X_i - \frac{\sum_{j=1}^n X_j Y_j(t)\exp(X_j^T\beta)}{\sum_{j=1}^n Y_j(t)\exp(X_j^T\beta)} \right) dN_i(t)$$

$$= \sum_{i=1}^{n}\int_0^\infty \frac{1}{\sqrt{n}}\left( X_i - E_0(t) \right) dN_i(t)$$

ここで

$$\sum_{i=1}^{n}(X_i - E_0(t))\lambda_i(t)$$

$$= \sum_{i=1}^{n} X_i Y_i(t)\lambda_0(t)\exp(X_i^T\beta) - E_0(t)\sum_{i=1}^{n} Y_i(t)\lambda_0(t)\exp(X_i^T\beta)$$

$$= \sum_{i=1}^{n} X_i Y_i(t)\lambda_0(t)\exp(X_i^T\beta) - \sum_{i=1}^{n} X_i Y_i(t)\lambda_0(t)\exp(X_i^T\beta)$$

$$= 0$$

なので

$$\frac{1}{\sqrt{n}}\frac{\partial \ell(\beta)}{\partial \beta} = \sum_{i=1}^{n}\int_0^\infty \frac{1}{\sqrt{n}}\left( X_i - E_0(t) \right) dN_i(t)$$

$$= \sum_{i=1}^{n}\int_0^\infty \frac{1}{\sqrt{n}}\left( X_i - E_0(t) \right)\left( dN_i(t) - \lambda_i(t)dt \right)$$

$$= \sum_{i=1}^{n}\int_0^\infty \frac{1}{\sqrt{n}}\left( X_i - E_0(t) \right) dM_i(t)$$

と表現できるが，$X_i - E_0(t)$ は予測可能過程であるので

$$\tilde{M}_i(t) \equiv \int_0^t \frac{1}{\sqrt{n}}\left( X_i - E_0(s) \right) dM_i(s)$$

もマルチンゲールになる．なぜなら $d\tilde{M}_i(t) = n^{-1/2}(X_i - E_0(t))dM_i(t)$ なので

$$E[d\tilde{M}_i(t)|\mathcal{F}_{t-}] = \frac{1}{\sqrt{n}}E[(X_i - E_0(t))dM_i(t)|\mathcal{F}_{t-}]$$

$$= \frac{1}{\sqrt{n}}(X_i - E_0(t))E[dM_i(t)|\mathcal{F}_{t-}]$$

$$= 0$$

だからである．したがって，正規化されたスコアはマルチンゲール過程の和と

なり，マルチンゲール中心極限定理を使って正規分布への分布収束を示すことができる．

部分尤度推定量 $\hat{\beta}$ の漸近分布は通常の最尤法の場合と同様にテイラー展開を用いて正規化したスコアの正規分布への分布収束から得られる．ここでは直感的な説明のみで正則条件等は説明していないが詳しくは Andersen and Gill (1982) を参照してほしい．

## 3.3　セミパラメトリック推定量の漸近分布

### 3.3.1　MINPIN 推定量

これまでは一つ一つのセミパラメトリックモデルごとに推定量の漸近分布を導出してきたが，Andrews (1994) はより一般的なフレームワークで導出することを提案し，その推定量を MINPIN 推定量（MINimize a criterion function that may depend on Preliminary Infinite dimentional Nuisance parameter estimator）と呼んだ．これは二段階推定量で一段階目で無限次元の局外母数を推定し，二段階目でその局外母数の推定量を含んだ目的関数を最小にするように有限次元パラメータを推定するセミパラメトリック推定量を対象にしている．

多くの場合，MINPIN 推定量は最小化の1階の条件から以下を満たすようなセミパラメトリックモデルとして取り扱うことができる．$\beta \in R^k$ を興味がある有限次元のパラメータとし，$\tau \in \mathcal{T}$ をノンパラメトリックな無限次元のパラメータとする．ただし，$\mathcal{T}$ は滑らかな関数の集合でセミパラメトリックモデルの構成の仕方に依存する．セミパラメトリックモデルは確率変数を $W \in R^q$ として真のパラメータ $(\beta_0, \tau_0)$ のもとで1階の条件から得られるモーメント条件

$$E[m(W, \beta_0, \tau_0)] = 0 \tag{3.20}$$

を満たすとする．ただし，$m(\cdot, \cdot, \cdot)$ は既知の $k$ 次元ベクトル関数である．

第一段階で $\tau_0$ の一致推定量 $\hat{\tau}$ を得て，第二段階で $\hat{\tau}$ を使って

$$\frac{1}{n}\sum_{i=1}^{n} m(W_i, \hat{\beta}, \hat{\tau}) = 0 \tag{3.21}$$

を満たすように $\hat{\beta}$ を推定する．部分線形モデルを含んだ多くのセミパラメトリック推定量はこのクラスに含まれる．

$m(\cdot)$ が $\beta$ に関して微分可能だとしよう．(3.21) に $\sqrt{n}$ を掛けて，$\beta_0$ のまわりでテイラー展開すると，

$$\begin{aligned}
0 &= \frac{1}{\sqrt{n}}\sum_{i=1}^{n} m(W_i, \hat{\beta}, \hat{\tau}) \\
&= \frac{1}{\sqrt{n}}\sum_{i=1}^{n} m(W_i, \beta_0, \hat{\tau}) + \frac{1}{n}\sum_{i=1}^{n} \frac{\partial m(W_i, \bar{\beta}, \hat{\tau})}{\partial \beta} \sqrt{n}(\hat{\beta} - \beta_0)
\end{aligned}$$

ここで $\bar{\beta}$ は $\hat{\beta}$ と $\beta_0$ の間にあるベクトルで $\partial m/\partial \beta$ の各行で異なる値をとる．

いくつかの正則条件のもとで，

$$\frac{1}{n}\sum_{i=1}^{n} \frac{\partial m(W_i, \bar{\beta}, \hat{\tau})}{\partial \beta} \xrightarrow{p} E\left[\frac{\partial m(W_i, \beta_0, \tau_0)}{\partial \beta}\right]$$

$$\equiv M$$

となることが示せるので，$M$ が非特異行列なら

$$\begin{aligned}
\sqrt{n}(\hat{\beta} - \beta_0) &= -\left(M^{-1} + o_p(1)\right)\frac{1}{\sqrt{n}}\sum_{i=1}^{n} m(W_i, \beta_0, \hat{\tau}) \\
&= -\left(M^{-1} + o_p(1)\right)\left\{\frac{1}{\sqrt{n}}\sum_{i=1}^{n} m(W_i, \beta_0, \tau_0)\right. \\
&\quad \left. + \left(\frac{1}{\sqrt{n}}\sum_{i=1}^{n} m(W_i, \beta_0, \hat{\tau}) - \frac{1}{\sqrt{n}}\sum_{i=1}^{n} m(W_i, \beta_0, \tau_0)\right)\right\}
\end{aligned}$$

と分解できる．したがって

$$\frac{1}{\sqrt{n}}\sum_{i=1}^{n} m(Z_i, \beta_0, \hat{\tau}) - \frac{1}{\sqrt{n}}\sum_{i=1}^{n} m(Z_i, \beta_0, \tau_0) = o_p(1) \tag{3.22}$$

を証明することができるなら，$S$ を $m(Z, \beta_0, \tau_0)$ の分散共分散行列として一般的な中心極限定理から

$$\sqrt{n}(\hat{\beta} - \beta_0) \overset{d}{\to} N(0, M^{-1}S(M^T)^{-1})$$

を示すことができる.

(3.22) を得るために確率的同程度連続性 (stochastic equicontinuity) を利用することを Andrews (1994) は提案した. 確率的同程度連続性を定義するためにいくつかの記号と用語を用意しよう. $\mathcal{T}$ を距離 $\rho_{\mathcal{T}}(\cdot, \cdot)$ による距離空間とする. $\{W_i \in R^q : i = 1, 2, \dots\}$ を確率空間 $(\Omega, \mathcal{B}, P)$ 上の確率変数とし,

$$\mathcal{M} = \{m(W, \tau) : \tau \in \mathcal{T}\}$$

を $R^q$ 上で $\tau$ で添字付けされた $R^k$ 値関数の集合とする. 経験過程 $\nu_n(\tau)$ を次のように定義する.

$$\nu_n(\tau) = \frac{1}{\sqrt{n}} \sum_{i=1}^{n} (m(W_i, \tau) - E[m(W_i, \tau)])$$

[**定義 3.4 (確率的同程度連続性)**]    すべての $\epsilon > 0$ と $\eta > 0$ に対して

$$\limsup_{n \to \infty} P^* \left[ \sup_{\tau \in \mathcal{T}, \rho_{\mathcal{T}}(\tau, \tau_0) < \delta} |\nu_n(\tau) - \nu_n(\tau_0)| > \eta \right] < \epsilon$$

を満たす $\delta > 0$ が存在するとき, $\{\nu_n(\cdot) : n \geq 1\}$ は $\tau_0$ で確率的同程度連続 (stochastic equicontinuous) であるという. ただし, $P^*$ は $P$ の外測度とする[1].

例えば, $E[(\sup_{\tau \in \mathcal{T}, \rho_{\mathcal{T}}(\tau, \tau_0) < \delta} |\nu_n(\tau) - \nu_n(\tau_0)|)^p]$, $p > 0$ が存在して, それが $\delta$ の減少関数であり, かつ $\delta \to 0$ のとき $E[(\sup_{\tau \in \mathcal{T}, \rho_{\mathcal{T}}(\tau, \tau_0) < \delta} |\nu_n(\tau) - \nu_n(\tau_0)|)^p] \to 0$ であればマルコフの不等式から確率的同程度連続性は満たされることがわかる.

確率的同程度連続を使うために, (3.20) を用いて (3.22) の左辺を次のように書き換える.

---

[1]    上の定義で括弧内が可測なら外測度の代わりに測度 $P$ を使うことができる.

$$\frac{1}{\sqrt{n}} \sum_{i=1}^{n} m(Z_i, \beta_0, \hat{\tau}) - \frac{1}{\sqrt{n}} \sum_{i=1}^{n} m(Z_i, \beta_0, \tau_0)$$

$$= \nu_n(\hat{\tau}) - \nu_n(\tau_0) + \sqrt{n} E[m(Z, \beta_0, \tau)]|_{\tau=\hat{\tau}}$$

$\hat{\tau}$ が $\rho_T(\cdot, \cdot)$ に関して一致性を持ち，$P(\hat{\tau} \in T) \to 1$ で $\nu_n(\tau)$ が $\tau_0$ で確率的同程度連続なら

$$\limsup_{n \to \infty} P\left[|\nu_n(\hat{\tau}) - \nu_n(\tau_0)| > \eta\right]$$

$$\leq \limsup_{n \to \infty} P\left[|\nu_n(\hat{\tau}) - \nu_n(\tau_0)| > \eta, \ \hat{\tau} \in T, \ \rho_T(\hat{\tau}, \tau_0) \leq \delta\right]$$

$$+ \limsup_{n \to \infty} P\left[\hat{\tau} \notin T \text{ or } \rho_T(\hat{\tau}, \tau_0) > \delta\right]$$

$$\leq \limsup_{n \to \infty} P^*\left[\sup_{\tau \in T, \rho_T(\tau, \tau_0) \leq \delta} |\nu_n(\tau) - \nu_n(\tau_0)| > \eta\right] + \frac{\epsilon}{2}$$

$$< \epsilon$$

なので，

$$\sqrt{n} E[m(Z, \beta_0, \hat{\tau})] = o_p(1) \tag{3.23}$$

が満たされれば (3.22) が成り立つ．上の条件 (3.23) は $\beta$ と $\tau$ の間の漸近的な直交条件で，多くのセミパラメトリックモデルで満たされている．この漸近的な直交条件が満たされない場合は $\hat{\beta}$ の分布に一段階目で $\tau$ を推定した影響が出てくることになる．

(3.23) が成り立つための一つの十分条件は，$m(W_i, \beta, \tau)$ が $m(W_i, \beta, \tau(X_i))$, $\tau(X_i) \in R^s$，という $\tau$ の $X_i$ での値を通してのみ $m(\cdot)$ に影響を与え，

$$E[m(W, \beta_0, \tau_0(X))] = 0$$

$$E\left[\left.\frac{\partial m(W, \beta_0, \tau_0(X))}{\partial \tau(X)}\right| X = x\right] = 0, \quad \forall x$$

かつ

$$E\left[n^{1/4}(\hat{\tau}(X) - \tau_0(X))^T \frac{\partial^2 m(W, \beta_0, \bar{\tau}(X))}{\partial \tau \partial \tau^T} n^{1/4}(\hat{\tau}(X) - \tau_0(X))\right] \xrightarrow{p} 0$$

である．ただし，$\lambda \in [0, 1]$ として $\bar{\tau} = \lambda \tau_0 + (1 - \lambda)\hat{\tau}$ で，期待値は $X$ と $Z$ に

ついてのみ積分したものである．この条件は今まで見てきた部分線形モデル，シングルインデックスモデルのセミパラメトリック最小二乗推定量，Klein and Spady (1993) の推定量や他の多くのセミパラメトリック推定量で成立している．したがって，このような設定のもとでは $\hat{\tau}$ は $n^{1/4}$-一致推定量であればよい．

　ここまでの議論を高レベルの仮定を用いた形で定理にまとめておく．

**[定理 3.5]**　以下の仮定が満たされるとする．

1. $\hat{\beta} \xrightarrow{p} \beta_0 \in \mathcal{B}$, $\mathcal{B}$ は $R^k$ のコンパクトな部分集合で $\beta_0$ は $\mathcal{B}$ の内点である．
2. $P(\hat{\tau} \in \mathcal{T}) \to 1$, $\hat{\tau} \xrightarrow{p} \tau_0 \in \mathcal{T}$
3. $\sqrt{n}E[m(W, \beta_0, \tau)]|_{\tau=\hat{\tau}} \xrightarrow{p} 0$
4. $\nu_n(\beta_0, \tau_0) \xrightarrow{d} N(0, S)$
5. $\{\nu_n(\cdot) : n \geq 1\}$ は $\tau_0$ で確率的同程度連続（stochastic equicontinuous）である．
6. $m(W, \beta, \tau)$ は $\beta$ に対して連続 2 階微分可能で，$\mathcal{B} \times \mathcal{T}$ 上で

$$\frac{1}{n}\sum_{i=1}^{n} m(W_i, \beta, \tau) \xrightarrow{p} E[m(W, \beta, \tau)]$$

$$\frac{1}{n}\sum_{i=1}^{n} \frac{\partial}{\partial\beta} m(W_i, \beta, \tau) \xrightarrow{p} E\left[\frac{\partial}{\partial\beta} m(W, \beta, \tau)\right]$$

に一様確率収束する．また $E[m(W, \beta, \tau)]$, $E[\frac{\partial}{\partial\beta} m(W, \beta, \tau)]$ は $\mathcal{B} \times \mathcal{T}$ 上で連続である．
7. $M^{-1}S(M^T)^{-1}$ は非特異行列．

このとき，

$$\sqrt{n}(\hat{\beta} - \beta_0) \xrightarrow{d} N(0, M^{-1}S(M^T)^{-1})$$

が成り立つ．

### 3.3.1.1　確率的同程度連続性のための十分条件

　定理 3.5 で一番重要な仮定は確率的同程度連続性であるが，ここでは $\nu_n(\tau)$ が確率的同程度連続性を持つための十分条件を与える．

関数の滑らかさを次数 $k$ の $L^2$ ソボレフノルム

$$\|f\|_{k,2} = \left( \int \sum_{|\mu| \le k} (D^\mu f(w))^2 dw \right)^{1/2}$$

で定義し，関数間の距離 $\rho_\tau$ に

$$\rho_\tau(\tau_1, \tau_2) = \left( \int (m(w, \tau_1) - m(w, \tau_2))^2 dw \right)^{1/2}$$

を使うこととする．

いくつかの語句を定義しておく．

**[定義 3.6 （特別なリプシッツ領域）]**　$\psi : R^{n-1} \to R^1$ をリプシッツ条件

$$|\psi(x) - \psi(x')| \le M\|x - x'\|, \forall x, x' \in R^{n-1} \tag{3.24}$$

を満たす関数とすると

$$D = \{(x, y) \in R^n : y > \psi(x)\}$$

で定義される領域を特別なリプシッツ領域（special Lipschitz domain）といい，(3.24) を満たす最小の $M$ を特別なリプシッツ領域の幅という．

**[定義 3.7 （最小限の滑らかさがある境界 （minimally smooth boundary） (Stein 1970))]**　$D$ を $R^n$ に含まれる開集合として，$\partial D$ を $D$ の境界とする．次の三つの条件を満たす，$\epsilon > 0$，整数 $N, M > 0$，開集合列 $U_1, U_2, \ldots,$ $U_n, \ldots$ が存在するとき $\partial D$ は最小限の滑らかさ （minimally smooth） を持つという．

1. $x \in \partial D$ なら $B(x, \epsilon)$ を中心 $x$，半径 $\epsilon$ の球とすると，$B(x, \epsilon) \in U_i$ となる $U_i$ が存在する．
2. $R^n$ 上のすべての点は $N$ 個以上の $U_i$ に含まれない．
3. 各 $i$ に対して

$$U_i \cap D = U_i \cap D_i$$

を満たす，幅が $M$ 以下の特別なリプシッツ領域 $D_i$ が存在する．

最小限の滑らかさは境界が十分に正則であることを意味していて，例えば有界な凸開集合や $I_1, I_2, \ldots$ を互いに素な $R^1$ 上の開区間として $D = \bigcup_i I_i$ は最小限の滑らかさがある境界を持つ．

[**仮定 3.8**]  $w \in R^k$ の定義域を $\mathcal{W}$ とする．

1. $\mathcal{W}$ 上で $\sup_{\tau \in \mathcal{T}} \|m(\cdot, \tau)\|_{q,2} < \infty$ を満たす $q > k/2$ が存在する．
2. $\mathcal{W}$ は有界な開集合で最小限の滑らかさがある境界（minimally smooth boundary）を持つ．
3. $\{W_i : i \geq 1\}$ は $\alpha$-ミキシング過程であり，$\sum_{s=1}^{\infty} \alpha(s) < \infty$ を満たす．
4. $\mathcal{T}$ に含まれるすべての $\tau_1, \tau_2$ について $S(\tau_1, \tau_2) = \lim_{n \to \infty} Cov(\nu_n(\tau_1), \nu_n(\tau_2))$ が存在する．

[**命題 3.9（Andrews 1994）**]  仮定 3.8 が満たされると，各 $\tau_0 \in \mathcal{T}$ で $\{\nu_n(\cdot) : n \geq 1\}$ は確率的同程度連続性を持つ．

この命題の証明の概要を説明しておく．仮定 3.8 のもとで次のことを示すことができる (Andrews (1991) Theorem 2, Theorem 4)．

[**級数展開**]  可測な関数列 $\{h_j(\cdot) : j \geq 0\}$ が $\mathcal{W}$ 上に存在し，$m(w, \tau)$ は各点収束する級数展開

$$m(w, \tau) = \sum_{j=1}^{\infty} c_j(\tau) h_j(w)$$

を持つ．

[**滑らかさ**]  $\sum_{j=1}^{\infty} |c_j(\tau)| E|h_j(W_i)| < \infty$ for all $\tau \in \mathcal{T}$．

[**滑らかさと系列相関**]  $\sum_{j=1}^{\infty} a_j \gamma_j < \infty$ を満たし，かつ

$$\sup_{\tau \in \mathcal{T}} \sum_{j=J}^{\infty} \frac{|c_j(\tau)|}{a_j} \to 0$$

を満たす総和可能な正の数列 $\{a_j\}$ が存在する．ここで，$\gamma_j = \sum_{s=-\infty}^{\infty} \gamma_j(s)$ かつ $\gamma_j(s) = \sup_{i \le n-|s|} Cov(h_j(W_i), h_j(W_{i+|s|}))$．

〔距離の同値性〕　距離 $\rho_\tau(\tau_1, \tau_2)$ と 距離 $\left( \sum_{j=1}^{\infty} |c_j(\tau_1) - c_j(\tau_2)|^2 \right)^{1/2}$ は同値である．

これらのもとで確率的同程度連続性を示そう．〔級数展開〕と〔滑らかさ〕より $m(W_i, \tau) - E[m(W_i, \tau)] = \sum_{j=1}^{\infty} c_j(\tau)(h_j(W_i) - E[h_j(W_i)])$．したがって

$$\limsup_{n \to \infty} P^* \left[ \sup_{\tau \in \mathcal{T}, \rho_\tau(\tau_1, \tau_2) < \delta} |\nu_n(\tau_1) - \nu_n(\tau_2)| > \eta \right]$$

$$\le \limsup_{n \to \infty} \eta^{-2} E^* \left[ \left( \sup_{\tau \in \mathcal{T}, \rho_\tau(\tau_1, \tau_2) < \delta} \left| \frac{1}{\sqrt{n}} \sum_{i=1}^{n} \sum_{j=1}^{\infty} (c_j(\tau_1) - c_j(\tau_2)) \right. \right. \right.$$

$$\left. \left. \left. \times (h_j(W_i) - E[h_j(W_i)]) \right| \right)^2 \right]$$

$$\le \eta^{-2} \sup_{\tau \in \mathcal{T}, \rho_\tau(\tau_1, \tau_2) < \delta} \sum_{j=1}^{\infty} \frac{|c_j(\tau_1) - c_j(\tau_2)|^2}{a_j}$$

$$\times \limsup_{n \to \infty} E^* \left[ \sum_{j=1}^{\infty} a_j \left| \frac{1}{\sqrt{n}} \sum_{i=1}^{\infty} (h_j(W_i) - E[h_j(W_i)]) \right|^2 \right]$$

$$\le \eta^{-2} \sup_{\tau \in \mathcal{T}, \rho_\tau(\tau_1, \tau_2) < \delta} \sum_{j=1}^{\infty} \frac{|c_j(\tau_1) - c_j(\tau_2)|^2}{a_j} \sum_{j=1}^{\infty} a_j \gamma_j \qquad (3.25)$$

が成り立つ．二つ目の不等式はコーシー＝シュワルツの不等式による．
　したがって

$$\lim_{\delta \to 0} \sup_{\tau \in \mathcal{T}, \rho_\tau(\tau_1, \tau_2) < \delta} \sum_{j=1}^{\infty} \frac{|c_j(\tau_1) - c_j(\tau_2)|^2}{a_j} = 0 \qquad (3.26)$$

が成り立つと確率的同程度連続性を示すことができる．
　$\epsilon$ を任意の正の値としよう．〔滑らかさと系列相関〕から十分に大きい $J$ を選ぶことで

$$\sup_{\tau \in \mathcal{T}, \rho_\tau(\tau_1, \tau_2) < \delta} \sum_{j=J}^{\infty} \frac{|c_j(\tau_1) - c_j(\tau_2)|^2}{a_j} < \epsilon/2$$

とできる. ここで $\delta = [\epsilon/(2\sum_{j=1}^{J} 1/a_j)]^{1/2}$ とすると, 〔距離の同値性〕から

$$\sup_{\tau \in \mathcal{T}, \rho_{\mathcal{T}}(\tau_1, \tau_2) < \delta} \sum_{j=1}^{J} \frac{|c_j(\tau_1) - c_j(\tau_2)|^2}{a_j} < \epsilon/2$$

よって (3.26) が成り立つ.

### 3.3.1.2　例：部分線形モデル

3.2.1 項で紹介したように部分線形モデルは $g(\cdot)$ を未知の関数として

$$Y = X^T\beta + g(Z) + \epsilon, \quad E[\epsilon|X, Z] = 0$$

と定義された. 両辺を $Z$ で条件付けた条件付き期待値をとると

$$E[Y|Z] = E[X^T|Z]\beta + g(Z)$$

なので $\hat{\tau}_1$ を $E[Y|Z]$ のノンパラメトリック推定量, $\hat{\tau}_2$ を $E[X^T|Z]$ のノンパラメトリック推定量として $\beta$ のセミパラメトリック推定量を

$$\hat{\beta} = \left[\sum_{i=1}^{n}\{X_i - \hat{\tau}_2(Z_i)\}\{X_i - \hat{\tau}_2(Z_i)\}^T\right]^{-1} \sum_{i=1}^{n}\{X_i - \hat{\tau}_2(Z_i)\}\{Y_i - \hat{\tau}_1(Z_i)\}$$

と構成できる. この $\hat{\beta}$ を MINPIN 推定量として見てみよう.

$\hat{\beta}$ を求めるためのモーメント条件は

$$E[\{Y - E[Y|Z] - (X - E[X|Z])^T\beta_0\}\{X - E[X|Z]\}] = 0$$

なので $\tau_{10}(Z) = E[Y|Z]$, $\tau_{20}(Z) = E[X|Z]$, $\tau_0 = (\tau_{10}(z), \tau_{20}(z))$, $\tau = (\tau_1(z), \tau_2(z))$, $W = (Y, X^T, Z^T)^T \in R^{1+d_X+d_Z}$ として

$$m(W, \beta_0, \tau) = \{Y - \tau_1(Z) - (X - \tau_2(Z))^T\beta_0\}\{X - \tau_2(Z)\}$$

$$\nu_n(\tau) = \frac{1}{\sqrt{n}}\sum_{i=1}^{n}\{m(W_i, \beta_0, \tau) - E[m(W_i, \beta_0, \tau)]\}$$

である. $\hat{\beta}$ の漸近正規性を示すには基本的に $\nu_n(\cdot)$ が確率的同程度連続であり

$$\sqrt{n}E[m(W, \beta_0, \hat{\tau})] = o_p(1) \tag{3.27}$$

を示すことができればよい.

命題 3.9 より，例えば $\{W_i : i \geq 1\}$ が母集団 $W$ からの無作為標本で $W$ の
サポート $\mathcal{W}$ が有界な凸開集合で，$\tau \in \mathcal{T} = \{\tau = (\tau_1, \tau_2) : \|\tau_1\|_{q,2} \leq B,$
$\|\tau_2\|_{q,2} \leq B\}$ であれば $\nu_n(.)$ は $\tau_0$ で確率的同程度連続（stochastic equicon-
tinuous）となる．ただし，$q > (1 + d_x + d_z)/2$ とする.

したがって (3.27) を満たすために

$$n^{1/4} \sup_{w \in \mathcal{W}} \|\hat{\tau}_1 - \tau_{10}\| \xrightarrow{p} 0$$

$$n^{1/4} \sup_{w \in \mathcal{W}} \|\hat{\tau}_2 - \tau_{20}\| \xrightarrow{p} 0$$

が十分条件であり，$P(\hat{\tau} \in \mathcal{T}) \to 1$, $\rho_\tau(\hat{\tau}, \tau_0) \xrightarrow{p} 0$ を満たすためには

$$\sup_{w \in \mathcal{W}} |D^\mu \hat{\tau}_1 - D^\mu \tau_{10}| \xrightarrow{p} 0, \ \forall \mu = (\mu_1, \mu_2, \ldots, \mu_l), \ \sum_{i=1}^{l} \mu_i < q$$

$$\sup_{w \in \mathcal{W}} |D^\mu \hat{\tau}_2 - D^\mu \tau_{20}| \xrightarrow{p} 0, \ \forall \mu = (\mu_1, \mu_2, \ldots, \mu_l), \ \sum_{i=1}^{l} \mu_i < q$$

が十分条件なのでこれらを満たすノンパラメトリック推定量を構成できれば漸
近正規性を持つ $\hat{\beta}$ を得ることができる.

### 3.3.2　Ichimura and Lee (2010)

前節の MINPIN 推定量では漸近的な直交条件が成立していて，そのために
第一段階のノンパラメトリック推定の影響を漸近的に無視できる状態を考え
たが，一般にはノンパラメトリックな関数が既知な場合と推定しなければな
らない場合では，有限次元の興味あるパラメータの推定量の分散は異なる．そ
れがどのような形になるかをフレシェ微分を使ったテイラー展開を利用した
Ichimura and Lee (2010) のアプローチを使って見てみよう.

真のパラメータ $\theta_0 \in \Theta \subset R^d$ は $E[m(Z, \theta_0, \tau_0)] = 0$ を満たすとする．こ
こで，$m(\cdot)$ は既知の $d$ 次元の値域を持つ関数で，$\tau_0 \in \mathcal{F}$ は $R^k$ に値をとる
未知のノンパラメトリックな関数であり，その推定量を $\hat{\tau}(\cdot)$ とする．$\Theta$ は $R^d$

のコンパクトな部分集合で $\mathcal{F}$ は一様ノルムを持つバナッハ空間とする. パラメータ空間は $\Theta \times \mathcal{F}$ でノルム $\|(\theta, \tau)\|_{\Theta \times \mathcal{F}} = \|\theta\| + \|\tau\|_{\mathcal{F}}$ を持つ. ここで $\|\cdot\|$ はユークリッドノルムで $\|\tau(\cdot)\|_{\mathcal{F}} = \sup_z \|\tau(z)\|$ である.

　第一段階で $\hat{\tau}$ を推定し, それを使って第二段階で

$$\frac{1}{n} \sum_{i=1}^{n} m(Z_i, \hat{\theta}, \hat{\tau}) = 0 \tag{3.28}$$

を満たす $\hat{\theta}$ を $\theta_0$ の推定量とする二段階推定を考える. Ichimura and Lee (2010) では $m(\cdot)$ が微分可能でない場合も, $\tau$ が $\theta$ に依存する場合も考えられているが説明を簡単にするために $m(\cdot)$ は滑らかな関数で $\tau$ は $\theta$ に依存しない関数であるとする.

　彼らの結果を説明するために, フレシェ微分とテイラー展開に関する以下の定理を紹介する.

　フレシェ微分はノルム空間からノルム空間への写像に関する微分概念である. $X, Y$ をノルム空間とし $\|\cdot\|_X, \|\cdot\|_Y$ をそれぞれ空間 $X$ と空間 $Y$ のノルムだとする. $F$ は空間 $X$ の開集合 $O$ の上で定義された $X$ から $Y$ への写像だとする. 与えられた $x \in O$ に対して, 適当な有界な線形作用素の集合 $\mathcal{L}(X, Y)$ から $L_x$ を選び, 任意の $\epsilon > 0$ に対して適当な $\delta > 0$ を選べば $\|h\|_X < \delta$ となるすべての $h \in X$ に対して

$$\|F(x+h) - F(x) - L_x h\|_Y \le \epsilon \|h\|_X \tag{3.29}$$

が成り立つとすると, $F$ は $x$ でフレシェ微分可能であるといい, $L_x h$ を $x$ における $F$ のフレシェ微分, $L_x$ をフレシェ導関数という. (3.29) を簡単に

$$F(x+h) - F(x) - L_x h = o(h)$$

と書き表すことにする.

　$L_x$ は $X$ から $\mathcal{L}(X, Y)$ への写像であり, $X$ も $\mathcal{L}(X, Y)$ もノルム空間であるので $L_x$ のフレシェ微分も考えることができる. 同様に高次の微分も定義できる. $F^{(n)}(x)$ を写像 $F$ の $x$ での $n$ 階微分だとすると, 次のような一般化したテイラー展開が可能である.

**[定理 3.10 （Zeidler (1986) Theorem 4.A)]** $F$ を $x \in X$ の 凸開近傍 $O(x) \subset X$ 上で定義されるバナッハ空間 $X$ からバナッハ空間 $Y$ への写像だとする. $F', F'', \ldots, F^{(n)}$ がフレシェ微分として存在するなら

$$F(x+h) = F(x) + \sum_{k=1}^{n-1} \frac{F^{(k)}(x)}{k!} h^k + R_n$$

$$\|R_n\| \le \frac{1}{n!} \sup_{0<s<1} \left\| F^{(n)}(x+sh)h^n \right\|$$

が成り立つ. また, $O(x)$ 上で $F^{(n)}$ が連続なら

$$R_n = \int_0^1 \frac{(1-s)^{n-1}}{(n-1)!} F^{(n)}(x+sh)h^n ds$$

が成立する.

　$m(\cdot)$ が $(\theta, \tau)$ について $(\theta_0, \tau_0)$ の近傍で連続2階フレシェ微分可能だとしよう. $D_\theta m(\cdot)$ と $D_\tau m(\cdot)$ を各々 $\theta$ と $\tau$ についての偏フレシェ導関数とすると,

$$\frac{1}{n} \sum_{i=1}^n m(Z_i, \hat\theta, \hat\tau)$$

$$= \frac{1}{n} \sum m(Z_i, \theta_0, \tau_0) + \left( \frac{1}{n} \sum_{i=1}^n D_\theta m(Z_i, \theta_0, \tau_0) \right) (\hat\theta - \theta_0)$$

$$+ \left( \frac{1}{n} \sum_{i=1}^n D_\tau m(Z_i, \theta_0, \tau_0) \right) (\hat\tau - \tau_0) + R_2$$

$$= \frac{1}{n} \sum m(Z_i, \theta_0, \tau_0) + \left( \frac{1}{n} \sum_{i=1}^n \frac{\partial}{\partial \theta^T} m(Z_i, \theta_0, \tau_0) \right) (\hat\theta - \theta_0) \quad (3.30)$$

$$+ \left( \frac{1}{n} \sum_{i=1}^n D_\tau m(Z_i, \theta_0, \tau_0) \right) (\hat\tau - \tau_0) + R_2 \quad (3.31)$$

と展開できる. ここで上式の右辺の第三項を扱うために次の仮定を用いる.

**[仮定 3.11]**　次の条件を満たす $R^d$ に値域を持つ関数 $\Gamma_1(\cdot)$ が存在する.

1. $E[\Gamma_1(Z)] = 0$ かつ $E[\Gamma_1(Z)\Gamma_1^T(z)] < \infty$ は正則.
2. $\sum_{i=1}^n D_\tau m(Z_i, \theta_0, \tau_0)(\hat\tau - \tau_0)/n = \sum_{i=1}^n \Gamma_1(Z_i)/n + o_p(n^{-1/2})$

$\Gamma_1(\cdot)$ は第1段階の $\tau_0$ のノンパラメトリック推定の $\hat\theta$ への影響を取り出して

いることになる．Ichimura and Lee (2010) の Proposition 3.5 にこの仮定が満たされるための十分条件が示されている．また様々なセミパラメトリックモデルにおける $\Gamma_1(\cdot)$ の具体的な形は Ichimura and Lee (2010) の Example 2.1-2.3 や Ichimura (2004) を参照せよ．

この仮定を使い，

$$\left( \frac{1}{n} \sum_{i=1}^{n} \frac{\partial}{\partial \theta^T} m(Z_i, \theta_0, \tau_0) \right)$$

が正則だとすると (3.31) より

$$\sqrt{n}(\hat{\theta} - \theta_0) = -\left( \frac{1}{n} \sum_{i=1}^{n} \frac{\partial}{\partial \theta^T} m(Z_i, \theta_0, \tau_0) \right)^{-1}$$
$$\times \frac{1}{\sqrt{n}} \sum_{i=1}^{n} \left\{ m(Z_i, \theta_0, \tau_0) + \Gamma_1(Z_i) + R_2 + o_p(n^{-1/2}) \right\}$$

と変形できる．以下を仮定しよう．

**I-L.1** $\theta_0$ は $\Theta$ の内点で，$\hat{\theta} \xrightarrow{p} \theta_0$

**I-L.2** $E[m(Z, \theta_0, \tau_0)] = 0$ かつ $E[m(Z, \theta_0, \tau_0) m^T(Z, \theta_0, \tau_0)]$ が存在する．

**I-L.3** $m(Z, \theta, \tau)$ はすべての $Z$ について $(\theta_0, \tau_0)$ の近傍で連続2階フレシェ微分可能．

**I-L.4** $\left\| \hat{\theta} - \theta \right\| = o_p(n^{-1/4})$ かつ $\|\hat{\tau} - \tau_0\|_{\mathcal{F}} = o_p(n^{-1/4})$.

**I-L.5** $E\left[ \partial m(Z, \theta_0, \tau_0)/\partial \theta^T \right]$ が存在し，正値定符号行列．

**[定理 3.12]** 仮定 I-L.1-5 かつ仮定 3.11 のもとで

$$\sqrt{n}(\hat{\theta} - \theta_0) \xrightarrow{d} N(0, V_0^{-1} \Omega_0 (V_0^{-1})^T)$$

が成り立つ．ここで $V_0 = E\left[ \partial m(Z, \theta_0, \tau_0)/\partial \theta^T \right]$ であり，また $\Omega_0$ は $\Gamma_0(Z)$ を

$$\Gamma_0(Z) = m(Z, \theta_0, \tau_0) + \Gamma_1(Z)$$

として $\Omega_0 = E[\Gamma_0(Z) \Gamma_0^T(Z)]$ である．

## 3.4 セミパラメトリック推定量の効率性
##     (セミパラメトリック推定量の分散の下限)

　有限次元の未知パラメータの値以外には分布がわかっているパラメトリックモデルの場合，推定量の漸近分散の下限はフィッシャー情報行列の逆行列によって与えられる．ここでは分布に未知のノンパラメトリック関数を含むセミパラメトリックモデルの推定量の有効性はどうなるのかを見ていくことにする．

　分布 $P \in \mathcal{P}$ から無作為標本 $\{X_1, X_2, \ldots, X_n\}$ を得たとする．その分布 $P$ で決まるパラメータ $\theta = \psi(P)$ を，我々が興味がある有限次元パラメータだとしよう．

　無限次元の局外パラメータがある状態で効率性を考えるのは難しいので，考察しているセミパラメトリックモデルの仮定を満たし，真の構造を含む，あるパラメトリックモデルからデータが生成されているとする．このようなモデルをパラメトリックサブモデルという．様々なパラメータ表現が可能であろうが，ほとんどの場合は1次元のパラメータを使ったパラメトリックサブモデルを考えると十分である．

　パラメトリックサブモデルはパラメトリックモデルなので最尤推定が可能であり，漸近分散がフィッシャー情報行列の逆行列になる．セミパラメトリック推定量の分散は少なくともこのパラメトリックサブモデルの推定量の分散以上でなくてはならない．すべてのパラメトリックサブモデルについてこれが成り立つので，セミパラメトリック推定量の分散はすべてのパラメトリックサブモデルの分散の中で最大のもの以上となる．この最大値をセミパラメトリック推定量の分散の下限と定義する．実際にすべてのパラメトリックサブモデルの推定量の分散を求めるのは不可能であるが，このアイデアを使ってセミパラメトリック推定量の分散の下限の性質を導出できる．ただし，この下限を達成するセミパラメトリック推定量が存在するかどうかはわからない．

　$P_t, t \in [0, \epsilon)$ をパラメトリックサブモデルとする．$t$ が唯一のパラメータであり，$t = 0$ のとき真のモデル $P = P_0$ と一致するものとする．$t \to 0$ のとき

$$\int \left[ \frac{dP_t^{1/2} - dP^{1/2}}{t} - \frac{1}{2} g dP^{1/2} \right]^2 \to 0 \tag{3.32}$$

を満たす $g \in L_2^0(P)$ が存在すれば $P_t$ は二乗平均の意味で微分可能でスコア関数 $g$ を持つという. $L_2^0(P)$ は $L_2^0(P) = \{f : \int f dP = 0, \int f^2 dP < \infty\}$ と定義される集合である. パラメトリックサブモデルごとにスコアが存在するが, そのスコアの集合を $\mathcal{P}$ の $P$ における接集合 (tangent set) または接錐 (tangent cone) といい $\dot{\mathcal{P}}_P$ [2]であらわす. これは $L_2^0(P)$ の部分集合である. また, 接集合が線形空間である場合は接空間 (tangent space) と呼ばれる. 一般には $P_t$ が密度関数 $p_t(x)$ を持ち,

$$g(x) = \frac{\partial}{\partial t} \log p_t(x)|_{t=0}$$

ならば (3.32) が満たされる.

　与えられた接集合のもとで, 各々のパラメトリックサブモデルで $\psi(P_t)$ が $t$ について微分可能だとする. より正確にいうと, 与えられた接集合 $\dot{\mathcal{P}}_P$ のもと $\psi : \mathcal{X} \to R^k$ が $P$ でガトー微分可能とは, すべての $g \in \dot{\mathcal{P}}_P$ とそれをスコアとするパラメトリックサブモデル $P_t$ について

$$\frac{\psi(P_t) - \psi(P)}{t} \to \dot{\psi}_P g$$

を満たす連続な線形写像 $\dot{\psi}_P$ が存在することをいう. 接集合が接空間だとすると $\dot{\psi}_P$ は連続な線形写像なのでリースの表現定理より

$$\dot{\psi}_P g = \left\langle \tilde{\psi}_P, g \right\rangle_P = \int \tilde{\psi}_P g dP$$

を満たす関数 $\tilde{\psi}_P \in \dot{\mathcal{P}}_P$ が存在する.

　話を簡単にするために推定したいパラメータ $\psi(P)$ が 1 次元だとしよう. $P_t$ は一つのパラメータ $t$ のみを持つパラメトリックモデルなので $t$ を最尤法で推定できる. それを $\hat{t}$ とする. スコアが $g$ で真のモデルは $t = 0$ なので $\sqrt{n}\hat{t}$ の漸近分散は $1/E[g^2]$ である. そうすると, 興味があるパラメータ $\theta = \psi(P)$ の最尤推定量 $\hat{\theta}$ は $\hat{\theta} = \psi(P_{\hat{t}})$ であるが, これの漸近分散を考えると $\psi$ が微分可能なら

---

[2] $\dot{\mathcal{P}}_P$ は必ずしも閉集合とはならないため, 正確には接集合の閉包と定義する.

$$\sqrt{n}(\hat{\theta} - \theta) = \sqrt{n}(\psi(P_t) - \psi(P))$$
$$= (\dot{\psi}_P g)\sqrt{n}\hat{t} + o_p(1)$$
$$= \left\langle \tilde{\psi}_P, g \right\rangle_P \sqrt{n}\hat{t} + o_p(1)$$

なので，$\hat{\theta}$ の漸近分散は

$$\frac{(\dot{\psi}_P g)^2}{E[g^2]} = \frac{\left\langle \tilde{\psi}_P, g \right\rangle_P^2}{\langle g, g \rangle_P}$$

である．これにコーシー＝シュワルツの不等式を適用すると

$$\frac{\left\langle \tilde{\psi}_P, g \right\rangle_P^2}{\langle g, g \rangle_P} \le \frac{\left\langle \tilde{\psi}_P, \tilde{\psi}_P \right\rangle_P \langle g, g \rangle_P}{\langle g, g \rangle_P} = \left\langle \tilde{\psi}_P, \tilde{\psi}_P \right\rangle_P$$

が成り立つ．$\tilde{\psi}_P \in \dot{\mathcal{P}}_P$ なので，$E[\tilde{\psi}_P^2]$ はパラメトリックサブモデルの推定量の分散の上限となり，それがセミパラメトリック推定量の分散の下限となる．このパラメトリックサブモデルの分散の上限を達成するものを最も不都合なパラメトリックサブモデル（least favorable parametric submodel）と呼ぶ．

より一般的に $\psi(P) \in R^k$ の場合，任意の $k$ 次元ベクトル $h$ をかけると，同様にして

$$\sqrt{n}(h^T \hat{\theta} - h^T \theta) = (h^T \dot{\psi}_P g)\sqrt{n}\hat{t} + o_p(1)$$

となり，$h^T \hat{\theta}$ の漸近分散は

$$\frac{\left\langle h^T \tilde{\psi}_P, g \right\rangle_P^2}{\langle g, g \rangle_P} \le \frac{\left\langle h^T \tilde{\psi}_P, h^T \tilde{\psi}_P \right\rangle_P \langle g, g \rangle_P}{\langle g, g \rangle_P} = \left\langle h^T \tilde{\psi}_P, h^T \tilde{\psi}_P \right\rangle_P$$

なので，セミパラメトリック推定量の分散の下限は $E[\tilde{\psi}_P \tilde{\psi}_P^T]$ となる．

したがって，分散が $E[\tilde{\psi}_P \tilde{\psi}_P^T]$ となる推定量が存在すれば，それが最も効率的なセミパラメトリック推定量である．つまり，

$$\sqrt{n}(\hat{\theta} - \theta) = \frac{1}{\sqrt{n}} \sum_{i=1}^{n} \tilde{\psi}_P(X_i) + o_p(1)$$

となる推定量が最も効率的で，その意味で $\tilde{\psi}_P$ は効率的影響関数（efficient

influence function) と呼ばれる. 候補となる影響関数 $\bar{\psi}$ がある場合には, そ
れを接集合へ射影することで $\tilde{\psi}_P$ を得られることがしばしばある.

例として, $\mathcal{P}$ を $R^1$ 上のすべての分布として既知の関数 $f(x) \in L_2(P)$ の期
待値を推定する問題を考える. つまり, $\psi(P) = \int f dP$ とする. パラメトリッ
クサブモデルを任意の $g \in L_2^0(P)$ を使って $\{P_t : dP_t = (1 + tg)dP, t \in [0, \epsilon)\}$
とすると, 接集合は $L_2^0(P)$ そのものとなる. また,

$$\left.\frac{\partial \psi(P_t)}{\partial t}\right|_{t=0} = \int f g dP$$

なので効率的影響関数は $\tilde{\psi}_P = f - E[f]$ となる. したがって, セミパラメト
リック推定量の分散の下限は $E\left[(f(x) - E[f(x)])^2\right]$ となり, これを達成する
推定量は

$$T_n = \frac{1}{n}\sum_{i=1}^n f(X_i)$$

つまり標本平均である.

次にもう少しモデルに構造が入っている場合を考える. セミパラメトリック
モデル $\{P_{\theta,\eta} : \theta \in \Theta, \eta \in H\}$ は $k$ 次元パラメータ $\theta$ と局外パラメータ $\eta$ を持
ち, $\theta$ を推定することに興味があるとする. $\eta$ は有限次元かもしれないし, 無
限次元かもしれない. つまり, この場合には $\psi(P_{\theta,\eta}) = \theta$ である. これのパラ
メトリックサブモデルとして $\{P_{\theta+ta,\eta_t} : t \in [0, \epsilon)\}$ を使うと, スコア関数は
$\dot{\ell}_{\theta,\eta}$ を $\eta$ を固定したときの $\theta$ のスコアとして

$$\frac{\partial}{\partial t} \log dP_{\theta+ta,\eta_t}|_{t=0} = a^T \dot{\ell}_{\theta,\eta} + g$$

となる. ここで $g$ は $\theta$ を固定した $\eta$ のみの接集合 $\dot{\mathcal{P}}_P^{(\eta)}$ の要素である. モデル
全体の接集合は $\dot{\mathcal{P}}_P = \{a^T \dot{\ell}_{\theta,\eta} + g : a \in R^k, g \in \dot{\mathcal{P}}_P^{(\eta)}\}$ である.

$\psi(P_{\theta+ta,\eta_t}) = \theta + ta$ は微分可能なので

$$\left.\frac{\partial \psi(P_{\theta+ta,\eta_t})}{\partial t}\right|_{t=0} = a = \left\langle \tilde{\psi}_{\theta,\eta}, a^T \dot{\ell}_{\theta,\eta} + g \right\rangle_{P_{\theta,\eta}} \tag{3.33}$$

を満たす $\tilde{\psi}_{\theta,\eta}$ が存在する. $a = 0$ と設定するとわかるが, $\tilde{\psi}_{\theta,\eta}$ はすべての
$g \in \dot{\mathcal{P}}_P^{(\eta)}$ に直交している必要がある.

$\Pi_{\theta,\eta}$ を $L^2(P_{\theta,\eta})$ 上で $\dot{\mathcal{P}}_P^{(\eta)}$ への射影をとる作用素とする. $\tilde{\ell}_{\theta,\eta}$ を

$$\tilde{\ell}_{\theta,\eta} = \dot{\ell}_{\theta,\eta} - \Pi_{\theta,\eta}\dot{\ell}_{\theta,\eta} \tag{3.34}$$

と定義すると，$\tilde{\ell}_{\theta,\eta}$ はすべての $g \in \dot{\mathcal{P}}_P^{(\eta)}$ に直交する．これは $\theta$ の効率的スコア関数（efficient score function）と呼ばれ，$\tilde{\ell}_{\theta,\eta}$ の分散共分散行列 $\tilde{I}_{\theta,\eta} = E[\tilde{\ell}_{\theta,\eta}\tilde{\ell}_{\theta,\eta}^T]$ を効率的情報行列（efficient information matrix）と呼ぶ．この表現を使うと (3.33) を満たす効率的影響関数 $\tilde{\psi}_{\theta,\eta}$ は，

$$\tilde{\psi}_{\theta,\eta} = \tilde{I}_{\theta,\eta}^{-1}\tilde{\ell}_{\theta,\eta}$$

であることが簡単にわかる．

パラメトリックモデルと対比させてみよう．二組の有限次元パラメータ ($\alpha$, $\beta$) を持つパラメトリックモデルの $\alpha$ に対するスコアと $\beta$ に対するスコアをそれぞれ $\dot{\ell}_\alpha, \dot{\ell}_\beta$ とする．このパラメトリックモデルの推定量の漸近分散の下限は情報行列の逆行列なので

$$I^{-1} = \begin{pmatrix} E[\dot{\ell}_\alpha \dot{\ell}_\alpha^T] & E[\dot{\ell}_\alpha \dot{\ell}_\beta^T] \\ E[\dot{\ell}_\beta \dot{\ell}_\alpha^T] & E[\dot{\ell}_\beta \dot{\ell}_\beta^T] \end{pmatrix}^{-1}$$

したがって $\alpha$ の推定量の下限は

$$\left( E[\dot{\ell}_\alpha \dot{\ell}_\alpha^T] - E[\dot{\ell}_\alpha \dot{\ell}_\beta^T] \left( E[\dot{\ell}_\beta \dot{\ell}_\beta^T] \right)^{-1} E[\dot{\ell}_\beta \dot{\ell}_\alpha^T] \right)^{-1}$$

となる．これはちょうど，

$$\tilde{\ell}_\alpha = \dot{\ell}_\alpha - E[\dot{\ell}_\alpha \dot{\ell}_\beta^T] \left( E[\dot{\ell}_\beta \dot{\ell}_\beta^T] \right)^{-1} \dot{\ell}_\beta$$

$$\tilde{I}_\alpha = E[\tilde{\ell}_\alpha \tilde{\ell}_\alpha^T]$$

$$= E[\dot{\ell}_\alpha \dot{\ell}_\alpha^T] - E[\dot{\ell}_\alpha \dot{\ell}_\beta^T] \left( E[\dot{\ell}_\beta \dot{\ell}_\beta^T] \right)^{-1} E[\dot{\ell}_\beta \dot{\ell}_\alpha^T]$$

として $\tilde{I}_\alpha^{-1}\tilde{\ell}_\alpha$ を影響関数とする推定量の分散に等しい．$\tilde{\ell}_\alpha$ は $\alpha$ のスコアから $\alpha$ のスコアの $\beta$ のスコアへの射影を引いたものになっているので，ちょうど (3.34) に対応する．ただし，$\beta$ のスコアで張る空間よりも $g$ で張る空間の方が広いので効率的スコア関数 $\tilde{\ell}_{\theta,\eta}$ はパラメトリックモデルの場合より少ない情報しか持たないことになる．

効率的スコア関数を使ってセミパラメトリック推定量の下限を求める例とし

て，条件付き分散不均一のもとでの線形回帰モデルの係数の推定量の分散の下限を見てみよう．モデルは

$$Y = X^T\beta + \epsilon, \quad E[\epsilon|X] = 0, \quad E[\epsilon^2|X] < \infty$$

とする．興味があるパラメータは $\beta$ で $\eta(\epsilon, x)$ を $(\epsilon, X)$ の同時密度関数とする．したがって $(Y, X)$ は同時密度関数 $\eta(y - x^T\beta, x)$ を持つ．$\eta(\cdot)$ に関する制限は $\int \epsilon\eta(\epsilon, x)d\epsilon = 0$ であり，パラメトリックサブモデルでも $\int \epsilon\eta_t(\epsilon, x)d\epsilon = 0$ を満たすため，$\eta$ に関するスコア $g(\epsilon, x)$ は $E[\epsilon g(\epsilon, X)|X] = 0$ を満足しなければならない．なぜなら，$\int \epsilon\eta_t(\epsilon, x)d\epsilon = 0$ の両辺を $t$ で微分して $t = 0$ で評価すると

$$\int \epsilon\frac{1}{\eta_t}\frac{\partial\eta_t}{\partial t}\eta_t|_{t=0}d\epsilon = 0$$

となるからである．したがって，$\eta$ に関する接集合は

$$\dot{\mathcal{P}}_P^{(\eta)} = \Big\{ g(\epsilon, x) : g(\epsilon, x) \in L_2^0(P_{\beta,\eta}),$$
$$E[\epsilon g(\epsilon, X)|X] = \frac{\int \epsilon g(\epsilon, X)\eta(\epsilon, X)d\epsilon}{\int \eta(\epsilon, X)d\epsilon} = 0 \quad a.s.\Big\}$$

となる．$g(\epsilon, x) \in \dot{\mathcal{P}}_P^{(\eta)}$ は $\epsilon h(x), h(x) \in L_2(P_{\beta,\eta})$ という形のすべての関数に直交することを意味している．実際 $\mathcal{H} = \{\epsilon h(x) : \epsilon h(x) \in L_2(P_{\beta,\eta})\}$ は $L_2^0(P_{\beta,\eta})$ の中で $\dot{\mathcal{P}}_P^{(\eta)}$ の直交補空間となっている．したがって，効率的なスコア関数 $\tilde{\ell}_{\beta,\eta} = \dot{\ell}_{\beta,\eta} - \Pi_{\beta,\eta}\dot{\ell}_{\beta,\eta}$ は $\dot{\mathcal{P}}_P^{(\eta)}$ に直交するので $\epsilon h_0(x)$ という形をしているはずである．一般に任意の関数 $f(\epsilon, x)$ の $\mathcal{H}$ への射影 $\epsilon h_0(x)$ は任意の $\epsilon h(x) \in \mathcal{H}$ に対して $E[f(\epsilon, X)\epsilon h(X)] = E[\epsilon h_0(X)\epsilon h(X)]$ が成立するので

$$\epsilon h_0(X) = \epsilon\frac{E[f(\epsilon, X)\epsilon|X]}{E[\epsilon^2|X]}$$

が $\mathcal{H}$ への射影となる．$\dot{\eta}(\epsilon, x)$ を $\eta(\epsilon, x)$ の $\epsilon$ での偏導関数だとすると，効率的なスコア関数は $\dot{\ell}_{\beta,\eta} = \partial\log\eta(y - x^T\beta, x)/\partial\beta = -\dot{\eta}(\epsilon, x)x/\eta(\epsilon, x)$ を $\mathcal{H}$ に射影したものなので，$|\epsilon| \to \infty$ のとき $|\epsilon\eta(\epsilon, x)| \to 0, {}^\forall x$ を仮定すると

$$\tilde{\ell}_{\beta,\eta} = -\frac{\epsilon X}{E[\epsilon^2|X]} \int \frac{\dot{\eta}(\epsilon,x)}{\eta(\epsilon,x)} \frac{\eta(\epsilon,x)}{\int \eta(\epsilon,x)d\epsilon} d\epsilon = -\frac{\epsilon X}{E[\epsilon^2|X]} \frac{\int \dot{\eta}(\epsilon,X)\epsilon d\epsilon}{\int \eta(\epsilon,X)d\epsilon}$$

$$= -\frac{(Y-X^T\beta)X}{E[\epsilon^2|X]} \frac{\left\{ \eta(\epsilon,X)\epsilon|_{\epsilon=-\infty}^{\epsilon=+\infty} - \int \eta(\epsilon,X)d\epsilon \right\}}{\int \eta(\epsilon,X)d\epsilon}$$

$$= \frac{(Y-X^T\beta)X}{E[\epsilon^2|X]}$$

となる．したがって，セミパラメトリック推定量の分散の下限は

$$\tilde{I}_{\beta,\eta}^{-1} = \left( E[\tilde{\ell}_{\beta,\eta}\tilde{\ell}_{\beta,\eta}^T] \right)^{-1} = \left( E\left[ \frac{X^T X}{E[\epsilon^2|X]} \right] \right)^{-1}$$

である．

　ここではセミパラメトリック推定量の下限を求める基本的な考え方だけ説明したが，より厳密な議論については Bickel, Klaassen, Ritov and Wellner (1998) を参照してほしい．また同書には多くのセミパラメトリック推定量の下限の例が含まれている．ただし，読みにくい本であり，ここでの説明は van der Vaart (2000) に基づいている．

## 3.5　セミパラメトリック推定量の分散の逆転

　無限次元の局外母数を含むセミパラメトリックモデルでは，もし局外母数が既知ならそれを使うのが良さそうに思われる．ところが，既知であったとしても，わざわざ推定してその推定量を使う方がセミパラメトリック推定量の分散が小さくなるという逆説的な現象が起こることがある．Hitomi, Nishiyama and Okui (2008) はこのセミパラメトリック推定量の分散の逆転が起こる必要十分条件と，直感的にわかりやすい十分条件を導出した．

　次のようなモーメント条件で記述されるセミパラメトリックモデルを考える．

$$E[m(Z,\beta_0,\tau_0)] = 0 \tag{3.35}$$

ここで $m(\cdot) \in R^q$ は既知の関数，$Z \in R^d$ は確率変数，$\beta_0 \in R^q$ は推定したい有限次元パラメータ，$\tau_0$ は無限次元の局外母数だとする．推定方法は一段階目に $\tau$ を推定し，その推定量 $\hat{\tau}$ を使って二段階目で

$$\frac{1}{n}\sum_{i=1}^{n} m(Z_i, \hat{\beta}, \hat{\tau}) = 0 \tag{3.36}$$

を満たすように $\hat{\beta}$ を得るという二段階セミパラメトリック推定量のクラスを考える. 本当の $\tau_0$ を使う $\beta$ の推定量を $\tilde{\beta}$ とし,

$$\frac{1}{n}\sum_{i=1}^{n} m(Z_i, \tilde{\beta}, \tau_0) = 0 \tag{3.37}$$

を満たすとする.

これ以上モデルを特定化せずにセミパラメトリック推定量の漸近分散を考えるために次のような抽象的な高レベルの仮定をおくことにする.

[**仮定 3.13**]　(i) $\hat{\beta} \xrightarrow{p} \beta_0$

(ii) $m(z, \beta, \tau)$ は $\beta$ に関して連続微分可能.

(iii) 任意の $\bar{\beta} \xrightarrow{p} \beta_0$ に対して $\partial(1/n)\sum_{i=1}^{n} m(z_i, \bar{\beta}, \hat{\tau})/\partial\beta \xrightarrow{p} M \equiv \partial E[m(z, \beta, \tau_0)]/\partial\beta|_{\beta=\beta_0}$ が成り立ち, また $M$ は非特異行列である.

(iv) $\tau_0$ は有限次元パラメータ $\beta$ に依存しない.

この仮定のもとで通常のテイラー展開を使った議論を使うと

$$\sqrt{n}(\hat{\beta} - \beta_0) = -M^{-1}\frac{1}{\sqrt{n}}\sum_{i=1}^{n} m(Z_i, \beta_0, \hat{\tau}) + o_p(1)$$

を得る. 例えば, 3.3.2 項と同様の議論を使えば

$$\frac{1}{\sqrt{n}}\sum_{i=1}^{n} m(Z_i, \beta_0, \hat{\tau}) = \frac{1}{\sqrt{n}}\sum_{i=1}^{n}\{m(Z_i, \beta_0, \tau_0) + q_i\} + o_p(1)$$

と線形近似できる. $q$ は $\tau$ を推定したための補正項である. 記号を簡略化するために, $m_i \equiv m(Z_i, \beta_0, \tau_0)$, $m \equiv m(Z, \beta_0, \tau_0)$ とする. $\hat{\beta}$ と $\tilde{\beta}$ の影響関数を見るために $m_i$ を $q_i$ への射影とその射影の残差に分解すると, $A = E(m_1 q_1^T)\{E(q_1 q_1^T)\}^{-1}$ として

$$m_i = Aq_i + u_i$$

となる. ここで $u_i$ は $m_i - Aq_i$ で射影の残差を表す. この表現を使うと $\tilde{\beta}$ の影響関数は

$$-M^{-1}m = -M^{-1}(u + Aq)$$

となり, $\hat{\beta}$ の影響関数は $I$ を単位行列として

$$-M^{-1}(m + q) = -M^{-1}(u + Aq + q)$$
$$= -M^{-1}(u + (A + I)q)$$

となる. したがって $\tilde{\beta}$ と $\hat{\beta}$ の漸近分散は

$$V(\sqrt{n}\tilde{\beta}) = M^{-1}\left[E(u_1 u_1^T) + AE(q_1 q_1^T)A^T\right](M^T)^{-1}$$
$$V(\sqrt{n}\hat{\beta}) = M^{-1}\left[E(u_1 u_1^T) + (A + I)E(q_1 q_1^T)(A + I)^T\right](M^T)^{-1}$$

となり, 推定した $\hat{\tau}$ を使った推定量 $\hat{\beta}$ の分散の方が小さくなるという分散の逆転が発生する必要十分条件は

$$(A + I)E(q_1 q_1^T)(A + I)^T < AE(q_1 q_1^T)A^T \tag{3.38}$$

である.

(3.38) が成り立つための一つの十分条件は $A = -I$, つまり $\mathrm{Proj}(m|q) = -q$ である. 3.4 節の表記を使い, $\dot{\mathcal{P}}_P^{(\tau)}$ を $\beta$ を固定した $\tau$ のみの接集合とすると, 実は $q \in \dot{\mathcal{P}}_P^{(\tau)}$ が (3.38) が成り立つための十分条件となる.

直感的な説明をするために, 有限次元パラメータの場合を考えよう. $\gamma$ を有限次元パラメータとして, 一段階目で

$$\frac{1}{n}\sum_{i=1}^{n} h(Z_i, \hat{\gamma}) = 0$$

で $\hat{\gamma}$ を推定して, 二段階目で

$$\frac{1}{n}\sum_{i=1}^{n} m(Z_i, \hat{\beta}, \hat{\gamma}) = 0$$

を使って $\hat{\beta}$ を推定するとする. $\hat{\beta}$ の分布は

$$\sqrt{n}(\hat{\beta} - \beta_0)$$

$$= -\left(E\left[\frac{\partial m}{\partial \beta}\right]\right)^{-1}\left(\frac{1}{\sqrt{n}}\sum_{i=1}^{n}m(Z_i, \beta_0, \gamma_0)\right.$$

$$\left. +E\left[\frac{\partial m}{\partial \gamma}\right]\sqrt{n}(\hat{\gamma} - \gamma_0)\right) + o_p(1) \tag{3.39}$$

$$= -\left(E\left[\frac{\partial m}{\partial \beta}\right]\right)^{-1}\left(\frac{1}{\sqrt{n}}\sum_{i=1}^{n}m(Z_i, \beta_0, \gamma_0)\right.$$

$$\left. -E\left[\frac{\partial m}{\partial \gamma}\right]\left(E\left[\frac{\partial h}{\partial \gamma}\right]\right)^{-1}\frac{1}{\sqrt{n}}\sum_{i=1}^{n}h(Z_i, \gamma_0)\right) + o_p(1) \tag{3.40}$$

であり，補正項は

$$q_i = -E\left[\frac{\partial m}{\partial \gamma}\right]\left(E\left[\frac{\partial h}{\partial \gamma}\right]\right)^{-1}h(Z_i, \gamma_0)$$

となる.

ここで一般化された情報行列等式を利用する.

**[定理 3.14（一般化された情報行列等式）]**　確率変数 $Z$ は密度関数 $f(z|\theta)$ を持つとする．すべての $\theta \in \Theta \subset R^k$ に対して $E[g(Z, \theta)] = 0$ が成り立つなら

$$E\left[\frac{\partial g(Z, \theta)}{\partial \theta}\right] = -E\left[g(Z, \theta)\frac{\partial \log f(Z|\theta)}{\partial \theta}\right]$$

である.

**証明**　$\int g(z, \theta)f(z|\theta)dz = 0$ の両辺を $\theta$ で微分すると，

$$\int\left\{\frac{\partial g}{\partial \theta}f(z|\theta) + g(z, \theta)\frac{\partial f/\partial \theta}{f}f(z|\theta)\right\}dz = 0$$

∎

これを使うと補正項は $\dot{\ell}_\gamma$ を $\gamma$ のスコアとして

$$q_i = -E\left[m\dot{\ell}_\gamma^T\right]\left(E\left[h\dot{\ell}_\gamma^T\right]\right)^{-1}h(Z_i, \gamma_0)$$

となる．特に一段階目の推定量 $\hat{\gamma}$ が最尤法で推定されたとすると，つまり

$h(Z, \gamma) = \dot{\ell}_\gamma(Z, \gamma)$ とすると

$$q_i = -E\left[m\dot{\ell}_\gamma^T\right]\left(E\left[\dot{\ell}_\gamma\dot{\ell}_\gamma^T\right]\right)^{-1}\dot{\ell}_\gamma(Z_i, \gamma_0)$$

なので $m$ の $\gamma$ のスコアへの射影は $-q_i$ となり，$m_i + q_i = u_i$ が成立し十分条件が満たされる．つまり，一段階目で $\gamma$ が $\beta$ の知識なしで最尤法で効率的に推定できることが十分条件となる．これを無限次元パラメータに拡張した条件が

1. $\tau$ が $\beta$ に依存しない
2. $q \in \dot{\mathcal{P}}_P^{(\tau)}$

である．

**[例 3.15（Kaplan-Meier 積分）]**  ここでは，Kaplan-Meier 積分を例にして推定量の分散の逆転と逆転のための十分条件が満たされているかどうかを確かめる．3.2.4 項と同様に非負の確率変数 $T$ を生存時間とし，$T$ の分布関数を $F_0(t)$ とする．$T$ と独立な非負の確率変数 $C$ を打ち切り時刻とし，$C$ の分布関数を $G_0(t)$ とする．また $G_0(t)$ は連続であると仮定する．観測が打ち切られた場合には $T$ を観察することはできず，$C$ と打ち切られたということしかわからない．つまり，$Z = T \wedge C$ とし，打ち切られたかどうかを表す変数を $\delta = 1(T \leq C)$ とすると $(Z, \delta)$ しか観測できない．我々は $n$ 個の観測値 $\{(Z_i, \delta_i) : i = 1, 2, \ldots, n\}$ を持っているとする．

$\psi(t)$ を既知の関数とし $\beta_0 = \int_0^\infty \psi(t) dF_0(t)$ を推定する問題を考えよう．打ち切りがなければ経験分布関数で $F_0$ を推定でき，その場合の $\beta_0$ の推定量は標本平均 $\sum_{i=1}^n \psi(T_i)/n$ である．しかし，打ち切りがあるために経験分布関数は使えない．そのために打ち切りがある場合でも一致性を持つ分布関数の推定量，Kaplan-Meier 推定量 $\hat{F}$ を使った

$$\hat{\beta} \equiv \int_0^\infty \psi(t) d\hat{F}(t)$$

を Kaplan-Meier 積分という．Kaplan-Meier 推定量は 3.2.4 項で用いた計数過程を使って

$$\hat{F}(t) = 1 - \prod_{s \leq t} \left\{ 1 - \frac{\sum_{i=1}^{n} N_i(s) - \sum_{i=1}^{n} N_i(s-)}{\sum_{i=1}^{n} Y_i(s)} \right\}$$

と表される.

Suzukawa (2004) は Kaplan-Meier 積分が

$$\hat{\beta} = \int_0^\infty \psi(t) d\hat{F}(t) = \frac{1}{n} \sum_{i=1}^{n} \frac{\delta_i \psi(Z_i)}{1 - \hat{G}(Z_i-)}$$

と表せることを示した. ここで $\hat{G}$ は $G_0$ の Kaplan-Meiser 推定量である. また, 打ち切り時刻の分布は既知の場合があるので, 本当の $G_0$ を使った推定量

$$\tilde{\beta} \equiv \frac{1}{n} \sum_{i=1}^{n} \frac{\delta_i \psi(Z_i)}{1 - G_0(Z_i-)} = \frac{1}{n} \sum_{i=1}^{n} \frac{\delta_i \psi(Z_i)}{1 - G_0(Z_i)}$$

についても考察した. 上の式の最後の等号は $G_0$ の連続性による. この二つの推定量を比較した結果, Suzukawa (2004) は $\tilde{\beta}$ は $\hat{\beta}$ よりバイアスは小さいが分散は大きくなることを見つけた.

この二つの推定量を使って分散の逆転のための十分条件が満たされているかどうかを見てみよう.

$$m(Z, \delta, \beta, G) = \frac{\delta \psi(Z)}{1 - G(Z-)} - \beta$$

とする. そうすると, $\hat{\beta}$ と $\tilde{\beta}$ はそれぞれ

$$\frac{1}{n} \sum_{i=1}^{n} m(Z_i, \delta_i, \hat{\beta}, \hat{G}) = 0$$

$$\frac{1}{n} \sum_{i=1}^{n} m(Z_i, \delta_i, \tilde{\beta}, G_0) = 0$$

の解である. Stute (1995) の Theorem 1.1 から

$$\frac{1}{\sqrt{n}} \sum_{i=1}^{n} m(Z_i, \delta_i, \beta_0, \hat{G})$$

$$= \frac{1}{\sqrt{n}} \sum_{i=1}^{n} \{ m(Z_i, \delta_i, \beta_0, G_0) + (1 - \delta_i)(\gamma_1(Z_i) - \gamma_2(Z_i)) - \delta_i \gamma_2(Z_i) \} + o_p(1)$$

のように分解できる. ここで $1 - H(z) = (1 - F_0(z))(1 - G_0(z))$, $\gamma_0(z) = $

$1/(1 - G_0(z))$,

$$H^0(z) = P(Z < z, \delta = 0) = \int_0^z (1 - F_0(y)) dG_0(y)$$

$$H^1(z) = P(Z < z, \delta = 1) = \int_0^z (1 - G_0(y)) dF_0(y)$$

として, $\gamma_1, \gamma_2$ は

$$\gamma_1(Z) = \frac{1}{1 - H(Z)} \int_0^\infty 1(Z < w)\psi(w)\gamma_0(w) dH^1(w)$$

$$\gamma_2(Z) = \int_0^\infty \int_0^\infty \frac{1(v < Z)1(v < w)\psi(w)\gamma_0(w)}{(1 - H(v))^2} dH^0(v) dH^1(w)$$

である. したがって $G$ をノンパラメトリックに推定した場合の補正項は

$$q = (1 - \delta)(\gamma_1(Z) - \gamma_2(Z)) - \delta\gamma_2(Z)$$

である.

$\beta$ を $\beta_0$ に固定した場合の $G$ に対する接集合を $\dot{\mathcal{P}}_P^{(G)}$ として, $q$ が $\dot{\mathcal{P}}_P^{(G)}$ に含まれるかどうかを見てみる. $\dot{\mathcal{P}}_P^{(G)}$ の形はすでに知られていて

$$\dot{\mathcal{P}}_P^{(G)} = \left\{ (1 - \delta)b(z) + \delta \frac{1}{1 - G_0(z)} \int_z^\infty b(x) dG_0(x) \right| $$
$$\forall b(x), \int_0^\infty b(x) dG_0(x) = 0 \right\}$$

である (例えば Bickel, Klassen, Ritov and Wellner (1993) の Chapter 6.6 を参照). したがって

$$\int_0^\infty (\gamma_1(z) - \gamma_2(z))\, dG_0(z) = 0 \tag{3.41}$$

$$\frac{1}{1 - G_0(z)} \int_z^\infty (\gamma_1(x) - \gamma_2(x))\, dG_0(x) = -\gamma_2(z) \tag{3.42}$$

が満たされれば, $q \in \dot{\mathcal{P}}_P^{(G)}$ である.

(3.41) から見ていくことにする. $\gamma_1(z)$ を $dG_0$ で積分すると

$$\int \gamma_1(z)dG_0(z) = \int_z \frac{1}{1-H(z)} \int_w \frac{1(z<w)\psi(w)}{1-G_0(w)} dH^1(w)dG_0(z)$$

$$= \int_z \frac{1}{1-H(z)} \int_w \frac{1(z<w)\psi(w)(1-G_0(w))}{1-G_0(w)} dF_0(w)dG_0(z)$$

$$= \int_z \int_w \frac{1(z<w)\psi(w)}{1-H(z)} dF_0(w)dG_0(z)$$

同様に $\gamma_2(z)$ を $dG_0$ で積分すると

$$\int \gamma_2(z)dG_0(z)$$

$$= \int_z \int_v \int_w \frac{1(v<z)1(v<w)\psi(w)}{(1-H(v))^2(1-G_0(w))} dH^0(v)dH^1(w)dG_0(z)$$

$$= \int_z \int_v \int_w \frac{1(v<z)1(v<w)\psi(w)}{(1-H(v))^2} dH^0(v)dF_0(w)dG_0(z)$$

$$= \int_z \int_v \int_w \frac{1(v<z)1(v<w)\psi(w)}{(1-H(v))(1-G_0(v))} dG_0(v)dF_0(w)dG_0(z)$$

$$= \int_v \int_w \frac{1(v<w)\psi(w)}{(1-H(v))(1-G_0(v))} \int_z 1(v<z)dG_0(z)dG_0(v)dF_0(w)$$

$$= \int_v \int_w \frac{1(v<w)\psi(w)}{1-H(v)} dF_0(w)dG_0(v)$$

したがって

$$\int_0^\infty (\gamma_1(z) - \gamma_2(z)) \, dG_0(z) = 0$$

が成り立つ.

次に (3.42) が成立するかどうかを見てみる.

$$\int_z^\infty \gamma_1(x)dG(x) = \int_x \frac{1(z<x)}{1-H(x)} \int_w \frac{1(x<w)\psi(w)}{1-G_0(w)} dH^1(w)dG_0(x)$$

$$= \int_x \int_w \frac{1(z<x)1(x<w)\psi(w)}{1-H(x)} dF_0(w)dG_0(x)$$

一方,

$$\int_z^\infty \gamma_2(x) dG_0(x)$$

$$= \int 1(z < x)\gamma_2(x) dG_0(x)$$

$$= \int_x \int_v \int_w \frac{1(z < x)1(v < x)1(v < w)\psi(w)}{(1 - H(v))^2(1 - G_0(w))} dH^0(v) dH^1(w) dG_0(x)$$

$$= \int_x \int_v \int_w \frac{1(z < x)1(v < x)1(v < w)\psi(w)}{(1 - H(v))(1 - G_0(v))} dG_0(v) dF_0(w) dG_0(x)$$

$$= \int_v \int_w \frac{1(v < x)\psi(w)}{(1 - H(v))(1 - G_0(v))} \int_x 1(z < x)1(v < x) dG_0(v) dF_0(w) dG_0(x)$$

ここで $1(z < x)1(v < x) = 1(z < v)1(v < x) + 1(v < z)1(z < x)$ なので

$$\int_x 1(z < x)1(v < x) dG_0(x)$$

$$= 1(z < v)\int_x 1(v < x) dG(x) + 1(v < z)\int_x 1(z < x) dG(x)$$

$$= 1(z < v)(1 - G_0(v)) + 1(v < z)(1 - G_0(z))$$

これを代入すると

$$\int_z^\infty \gamma_2(x) dG_0(x)$$

$$= \int_v \int_w \frac{1(z < v)1(v < w)\psi(w)}{1 - H(v)} dF_0(w) dG_0(v)$$

$$+ \int_v \int_w \frac{1(v < z)1(v < w)\psi(w)}{(1 - H(v))(1 - G_0(v))}(1 - G_0(z)) dF_0(w) dG_0(v)$$

となるが，右辺の第一項は $\int_z^\infty \gamma_1(x) dG_0(x)$ に等しいので

$$\frac{1}{1 - G_0(z)}\int_z^\infty (\gamma_1(x) - \gamma_2(x)) dG_0(x)$$

$$= -\int_v \int_w \frac{1(v < w)\psi(w)1(v < z)}{(1 - H(v))(1 - G_0(v))} dF_0(w) dG_0(v)$$

となる．また，$\gamma_2(z)$ は次のように表せる．

$$\gamma_2(Z_i) = \int_v \frac{1(v < z)}{(1 - H(v))^2} \int_w \frac{1(v < w)\psi(w)}{1 - G_0(w)} dH^1(w) dH^0(v)$$

$$= \int_v \int_w \frac{1(v < z)1(v < w)\psi(w)}{(1 - H(v))(1 - G_0(v))} dF_0(w) dG_0(v)$$

$$= -\frac{1}{1 - G(Z_i)} \int_{z_i}^{\infty} (\gamma_1(x) - \gamma_2(x)) dG(x)$$

したがって (3.41), (3.42) を満たしているので，これは分散の逆転のための十分条件を満たしていることがわかる.

# 第4章

# 回帰関数の関数型の検定

　この章では回帰関数の関数型に関する検定を考える．第2章で見たように，正しく定式化されたパラメトリックモデルによる推定が一番分散が小さく，統計的な推測を行ううえでも望ましい．しかし，その定式化が誤っていた場合には推定値がバイアスを持ち，統計的な推測が間違った結論を導くことになる．そのために，回帰関数の定式化の誤りを検出するための様々な検定が開発されてきた．

　しかし，パラメトリックな対立仮説が設定されている場合には帰無仮説で設定した回帰関数が間違っている場合でも検出力を持たないことがある．そこでこの章では本当の回帰関数がどのような形であっても，帰無仮説が間違っていた場合に検出力を持つ検定方法を紹介する．

　多くの検定はパラメトリックな対立仮説を設定している．その場合，本当のデータの生成が対立仮説のパラメトリックモデルによるものであれば強い検出力を持つが，帰無仮説が誤っていても検出できないようなデータの生成過程が存在する．

　具体的な例で見てみよう．話を簡単にするために説明変数は一つ，つまり $X \in R^1$ だとする．帰無仮説は被説明変数 $Y$ は $X$ に影響されない，つまり

$$H_0 : E[Y|X] = \alpha$$

とする．最も簡単な検定は $Y$ と $X$ には線形な関係

$$Y = \alpha + \beta X + \epsilon \qquad (4.1)$$

があると想定し，$\beta$ がゼロであるかどうかを検定することであろう．つまり対
立仮説は

$$H_1 : E[Y|X] = \alpha + \beta X$$

とし，$\beta$ がゼロかどうかを検定する．

　しかし，$X$ が $Y$ に影響を与えていても，この検定では検出できない可能性
がある．簡単な例を作ってみると，$X \sim U(-1,1)$ で $\epsilon$ は $X$ とは独立であり
$E[\epsilon] = 0, E[\epsilon^2] = \sigma^2$ とする．また，$Y$ の本当の生成過程を

$$Y = X^2 + \epsilon$$

とする．このとき線形関係 (4.1) を想定して，$\beta$ を推定するとその最小二乗推
定量 $\hat{\beta}$ は

$$\begin{aligned}
\hat{\beta} &= \left( \frac{1}{n} \sum_{i=1}^{n} (X_i - \bar{X})^2 \right)^{-1} \frac{1}{n} \sum_{i=1}^{n} (X_i - \bar{X})(Y_i - \bar{Y}) \\
&\xrightarrow{p} Var(X)^{-1} Cov(X, Y) \\
&= Var(X)^{-1} \left\{ E[X^3] - E[X]E[X^2] + E[X\epsilon] \right\} \\
&= 0
\end{aligned}$$

となるので，検出力を持たない．このような，線形関係の対立仮説を想定した
のであれば検出できないような $X$ の関数はいくらでも存在している．

　ノンパラメトリック回帰の手法が一般的になったことで，ノンパラメトリッ
クな回帰関数とパラメトリックな回帰関数を比べることによって，どのような
帰無仮説からの乖離でも検出できる検定が提案されてきた．この章ではこのよう
に帰無仮説からどのように乖離していても検出できるような検定について見
ていくことにする．

　問題をきちんと定式化しよう．被説明変数を $Y \in R^1$，説明変数を $X \in R^d$
とし，$\{(Y_i, X_i^T) | i = 1, 2, \ldots, n\}$ は $(Y, X^T)$ からの i.i.d. サンプルとし，回帰
関数を $E[Y|X] = m(X)$ とする．また，$\epsilon = Y - m(X)$ として，$\sigma^2(X) = E(\epsilon^2 | X)$，$\omega(X) = E(\epsilon^4 | X)$ とおく．帰無仮説は $m(X)$ が既知のパラメトリ

ックな関数 $g(X, \theta_0)$ だというものであり，対立仮説は異なるというものである．つまり，

$$H_0 : P(m(X) = g(X, \theta_0)) = 1 \text{ を満たす } \theta_0 \in \Theta \text{ が存在する}$$

$$H_1 : \text{すべての } \theta \in \Theta \text{ について } P(m(X) = g(X, \theta)) < 1 \tag{4.2}$$

である．

　この仮説の検定には主にノンパラメトリック回帰を使うものと，経験過程を使うものがある．それぞれ 4.1 節，4.2 節で順に見ていくことにする．

## 4.1　ノンパラメトリック回帰を使う検定

### 4.1.1　Härdle and Mammen (1993) の検定

　ノンパラメトリック回帰を使う検定で一番直接的な方法はノンパラメトリックに回帰した回帰関数とパラメトリックモデルの仮定のもとで回帰した回帰関数の距離を測ることであろう．Härdle and Mammen (1993) はこれを使った次のような検定を提案した．$\hat{m}(x)$ を $m(x)$ のノンパラメトリックカーネル推定量とする．

$$\hat{m}(x) = \frac{\frac{1}{nh^d} \sum_{i=1}^n K\left(\frac{x - X_i}{h}\right) Y_i}{\frac{1}{nh^d} \sum_{i=1}^n K\left(\frac{x - X_i}{h}\right)}$$

また，$g(x, \hat{\theta})$ を $m(x)$ のパラメトリック推定量とする．$g(x, \theta)$ をカーネルで平滑化したものを

$$\mathcal{K}_{n,h} g(x, \theta) = \frac{\frac{1}{nh^d} \sum_{i=1}^n K\left(\frac{x - X_i}{h}\right) g(X_i, \theta)}{\frac{1}{nh^d} \sum_{i=1}^n K\left(\frac{x - X_i}{h}\right)}$$

として，Härdle and Mammen (1993) は $\hat{m}(x)$ と $\mathcal{K}_{n,h} g(x, \hat{\theta})$ の $L^2$ 距離を検定統計量として使った．

$$T_n = nh^{d/2} \int \left( \hat{m}(x) - \mathcal{K}_{n,h} g(x, \hat{\theta}) \right)^2 \pi(x) dx \qquad (4.3)$$

ここで $\pi(x)$ は荷重である. $g(x, \hat{\theta})$ そのものではなく, $\mathcal{K}_{n,h} g(x, \hat{\theta})$ を使うのは $\hat{m}(x)$ の平滑化によるバイアスを補正するためである.

帰無仮説のもとで $T_n$ がどのように分布するかを求めよう. 話を簡単にするために荷重として $X$ の密度関数 $f(x)$ のカーネル推定量の二乗を使うことにする. つまり, $\pi(x) = \hat{f}(x)^2$ とする. この荷重を使うことで $\hat{m}(x)$, $\mathcal{K}_{n,h} g(x, \hat{\theta})$ の分母を消すことができる. そうすると帰無仮説のもとで

$$T_n = nh^{d/2} \int \left( \hat{m}(x) - \mathcal{K}_{n,h} g(x, \hat{\theta}) \right)^2 \hat{f}(x)^2 dx$$

$$= nh^{d/2} \int \left( \hat{m}(x)\hat{f}(x) - \mathcal{K}_{n,h} g(x, \hat{\theta})\hat{f}(x) \right)^2 dx$$

$$= nh^{d/2} \int \left( \left( \hat{m}(x)\hat{f}(x) - \mathcal{K}_{n,h} g(x, \theta_0)\hat{f}(x) \right) \right.$$
$$\left. - \left( \mathcal{K}_{n,h} g(x, \hat{\theta})\hat{f}(x) - \mathcal{K}_{n,h} g(x, \theta_0)\hat{f}(x) \right) \right)^2 dx$$

$$= nh^{d/2} \int \left( \frac{1}{n} \sum_{i=1}^{n} \frac{1}{h^d} K \left( \frac{x - X_i}{h} \right) \epsilon_i \right.$$
$$\left. - \frac{1}{n} \sum_{i=1}^{n} \frac{1}{h^d} K \left( \frac{x - X_i}{h} \right) \left. \frac{\partial g(X_i, \theta)}{\partial \theta^T} \right|_{\theta=\theta^*} \left( \hat{\theta} - \theta_0 \right) \right)^2 dx$$

ここで, $\epsilon_i \equiv Y_i - g(X_i, \theta_0)$, $\lambda \in [0,1]$ として $\theta^* = \lambda\hat{\theta} + (1 - \lambda)\theta_0$ である. $\bar{k}(v)$, $\bar{K}_h(v)$ を

$$\bar{k}(v) = \int K(u) K(v - u) du$$

$$\bar{K}_h(v) = \frac{1}{h^d} \bar{k} \left( \frac{v}{h} \right)$$

と定義する. $\bar{k}(v)$ はもとのカーネル $K(v)$ の畳み込みカーネルであり, もとのカーネル $K(x)$ が対称な二次カーネルなら

$$\int \bar{k}(v)dv = \int K(u)\int K(v-u)dvdu = \int K(u)du = 1$$

$$\int v\bar{k}(v)dv = \int K(u)\int vK(v-u)dvdu = 0$$

$$\int v^2\bar{k}(v)dv = \int K(u)\int v^2 K(v-u)dvdu = 2\int u^2 K(u)du$$

$$\bar{k}(-v) = \int K(u)K(-v-u)du = \int K(t-v)K(t)dt$$

$$= \int K(v-t)K(t)dt = \bar{k}(v)$$

となり，畳み込みカーネル $\bar{k}(v)$ も対称な二次カーネルとなる．これを使うと

$$T_n = \frac{nh^{d/2}}{n^2}\sum_{i=1}^{n}\sum_{j\neq i}\epsilon_i\epsilon_j\bar{K}_h(X_i-X_j): \quad T_{1,n} \tag{4.4}$$

$$+ \frac{nh^{d/2}}{n^2}\sum_{i=1}^{n}\epsilon_i^2\frac{1}{h^{2d}}\int K\left(\frac{X_i-x}{h}\right)^2 dx: \quad T_{2,n}$$

$$- 2\frac{nh^{d/2}}{n^2}(\hat{\theta}-\theta_0)^T\sum_{i=1}^{n}\sum_{j=1}^{n}\epsilon_i\left.\frac{\partial g(X_j,\theta)}{\partial\theta}\right|_{\theta=\theta^*}\bar{K}_h(X_i-X_j): \quad T_{3,n}$$

$$+ \frac{nh^{d/2}}{n^2}(\hat{\theta}-\theta_0)^T\sum_{i=1}^{n}\sum_{j=1}^{n}\left.\frac{\partial g(X_i,\theta)}{\partial\theta}\right|_{\theta=\theta^*}\left.\frac{\partial g(X_j,\theta)}{\partial\theta^T}\right|_{\theta=\theta^*}$$

$$\times \bar{K}_h(X_i-X_j)(\hat{\theta}-\theta_0): \quad T_{4,n}$$

と整理できる．ここで，$T_{1,n}$ を見てみると，データ数に応じて $\bar{K}_h(\cdot)$ は変わっていくが $U$-統計量の形をしているのがわかるだろう．したがって，一般的な $U$-統計量に関する以下の Hall (1984) の中心極限定理を利用可能である．

一般的な二次の $U$-統計量を

$$U_n = \frac{1}{n(n-1)}\sum_{i=1}^{n}\sum_{j\neq i}H_n(Z_i,Z_j) = \binom{n}{2}^{-1}\sum_{i=1}^{n-1}\sum_{j=i+1}^{n}H_n(Z_i,Z_j)$$

とする．$T_{1,n}$ の場合には $H_n(Z_i,Z_j)$ は $\epsilon_i\epsilon_j\bar{K}_h(X_i-X_j)$ である．ここで $G_n(Z_1,Z_2)$ を

$$G_n(Z_1,Z_2) = E[H_n(Z_3,Z_1)H_n(Z_3,Z_2)|Z_1,Z_2]$$

と定義する．

**[定理 4.1 (Hall (1984) Theorem 1)]**　$H_n(\cdot)$ が対称で $E[H_n(Z_1, Z_2)|Z_1]$ $= 0$ かつすべての $n$ に関して $E[H_n^2(Z_1, Z_2)] < \infty$ だと仮定する. このとき,

$$\frac{E[G_n^2(Z_1, Z_2)] + n^{-1}E[H_n^4(Z_1, Z_2)]}{E[H_n^2(Z_1, Z_2)]^2} \to 0 \quad as \quad n \to \infty$$

が成立すると

$$\frac{n \cdot U_n}{\sqrt{2E[H_n^2(Z_1, Z_2)]}} \xrightarrow{d} N(0, 1) \quad as \quad n \to \infty$$

である.

　この定理を使って, $n \to \infty$ のとき $h \to 0$, $nh^d \to \infty$ ならば $T_{1,n}$ が漸近的に正規分布に収束することを示そう. $Z_i = (\epsilon_i, X_i)$, $H_n(Z_i, Z_j) = \epsilon_i\epsilon_j\bar{K}_h(X_i - X_j)$ とすると, $E[G_n^2(Z_1, Z_2)]$ は

$$E[G_n^2(Z_1, Z_2)]$$
$$= E\left[E\left[\epsilon_1\epsilon_2\epsilon_3^2\bar{K}_h(X_3-X_1)\bar{K}_h(X_3-X_2)|Z_1, Z_2\right]^2\right]$$
$$= \frac{1}{h^{4d}}E\left[\left\{\epsilon_1\epsilon_2\int\bar{k}\left(\frac{x_3-X_1}{h}\right)\bar{k}\left(\frac{x_3-X_2}{h}\right)\sigma^2(x_3)f(x_3)dx_3\right\}^2\right]$$
$$= \frac{1}{h^{4d}}E\left[\left\{\epsilon_1\epsilon_2\int\bar{k}(u)\bar{k}\left(u+\frac{X_1-X_2}{h}\right)\sigma^2(X_1+hu)f(X_1+hu)h^d du\right\}^2\right]$$
$$= \frac{1}{h^{2d}}\int\sigma^2(x_1)\sigma^2(x_2)$$
$$\qquad \left\{\int\bar{k}(u)\bar{k}\left(u+\frac{x_1-x_2}{h}\right)\sigma^2(x_1+hu)f(x_1+hu)du\right\}^2 f(x_1)f(x_2)dx_1 dx_2$$
$$= \frac{1}{h^{2d}}\int\sigma^2(x_1)\sigma^2(x_1-hv)$$
$$\qquad \left\{\int\bar{k}(u)\bar{k}(u+v)\sigma^2(x_1+hu)f(x_1+hu)du\right\}^2 h^d f(x_1)f(x_1-hv)dx_1 dv$$
$$= \frac{1}{h^d}\int\left\{\int\bar{k}(u)\bar{k}(u+v)du\right\}^2 dv\int(\sigma^2(x))^4 f^4(x)dx + o\left(\frac{1}{h^d}\right)$$
$$= \frac{C_1}{h^d} + o\left(\frac{1}{h^d}\right)$$

また,

$$E[H_n^2(Z_1, Z_2)] = E\left[E\left[H_n^2(Z_1, Z_2)|X_1, X_2\right]\right]$$

$$= \int \frac{1}{h^{2d}} \bar{k}^2 \left(\frac{x_1 - x_2}{h}\right) \sigma^2(x_1)\sigma^2(x_2)f(x_1)f(x_2)dx_1 dx_2$$

$$= \frac{1}{h^{2d}} \int \bar{k}^2(u)\, \sigma^2(x)\sigma^2(x - hu)h^d f(x)f(x - hu)dx du$$

$$= \frac{1}{h^d} \int \bar{k}^2(u)\, du \int (\sigma^2(x))^2 f^2(x)dx + o\left(\frac{1}{h^d}\right)$$

$$= \frac{C_2}{h^d} + o\left(\frac{1}{h^d}\right)$$

同様に $\omega(x) = E[\epsilon_1^4 | X_1 = x]$ として

$$E[H_n^4(Z_1, Z_2)] = \frac{1}{h^{4d}} \int \bar{k}^4 \left(\frac{x_1 - x_2}{h}\right) \omega(x_1)\omega(x_2)f(x_1)f(x_2)dx_1 dx_2$$

$$= \frac{1}{h^{4d}} \int \bar{k}^4(u)\, \omega(x)\omega(x - hu)f(x)f(x - hu)h^d dx du$$

$$= \frac{1}{h^{3d}} \int \bar{k}^4(u)\, du \int (\omega(x))^2 f^2(x)dx + o\left(\frac{1}{h^{3d}}\right)$$

$$= \frac{C_3}{h^{3d}} + o\left(\frac{1}{h^{3d}}\right)$$

したがって,

$$\frac{E[G_n^2(Z_1, Z_2)] + n^{-1}E[H_n^4(Z_1, Z_2)]}{E[H_n^2(Z_1, Z_2)]^2}$$

$$= \frac{\frac{C_1}{h^d} + o\left(\frac{1}{h^d}\right) + \frac{1}{n}\left(\frac{C_3}{h^{3d}} + o\left(\frac{1}{h^{3d}}\right)\right)}{\left(\frac{C_2}{h^d} + o\left(\frac{1}{h^d}\right)\right)^2}$$

$$= O(h^d) + O\left(\frac{1}{nh^d}\right)$$

$$\to 0 \quad as \quad n \to \infty.$$

よって定理 4.1 より,

$$\frac{n \cdot U_n}{\sqrt{2E[H_n^2(Z_1, Z_2)]}} \xrightarrow{d} N(0, 1)$$

これは

$$T_{1,n} = nh^{d/2}U_n \to N\left(0, 2\int \bar{k}^2(u)\, du \int (\sigma^2(x))^2 f^2(x)dx\right) \qquad (4.5)$$

を意味する.

[**定理 4.2**] 以下のことを仮定する.

(1) $f(x), m(x), \delta(x), \sigma^2(x), \omega(x)$ は連続で有界な関数. ただし, $\delta(x) = E[\epsilon|x]$. $g(x,\theta)$ は $x$ について連続で $\theta$ に対して 2 階微分可能. また $\theta_0$ の近傍で $g(X_1,\theta), \partial g(X_1,\theta)/\partial\theta$ は有限な二次モーメントを持つ.

(2) $E\left[\sup_{\theta\in\Theta}\left\|\dfrac{\partial g(X_1,\theta)}{\partial\theta}\right\|\right] < \infty,\ E\left[\sup_{\theta\in\Theta}\left\|\dfrac{\partial g(X_1,\theta)}{\partial\theta}\dfrac{\partial g(X_1,\theta)}{\partial\theta^T}\right\|\right] < \infty$

(3) $K(u) \geq 0$ は有界で対称な二次カーネルで, $n \to \infty$ につれて $h \to 0$, $nh^d \to \infty$ を満たす.

(4) $\hat{\theta}$ は一致性を持ち, $\sqrt{n}(\hat{\theta} - \theta_0) = O_p(1)$.

このとき帰無仮説のもとで

$$T_n - b_n \to N(0, V)$$

ここで $b_n$ と $V$ は

$$b_n = h^{-d/2}E[\sigma^2(X_1)]\int K^2(u)du$$

$$V = 2\int \bar{k}^2(u)\,du\int(\sigma^2(x))^2 f^2(x)dx$$

である.

**証明** まず, (4.4) の分解で, $T_{3,n}$ と $T_{4,n}$ が漸近的に無視できることを示す. まず, $T_{3,n}$ を $\theta_0$ のまわりで展開すると

$$T_{3,n} = -2\frac{nh^{d/2}}{n^2}(\hat{\theta}-\theta_0)^T\sum_{i=1}^{n}\sum_{j=1}^{n}\epsilon_i\left.\frac{\partial g(X_j,\theta)}{\partial\theta}\right|_{\theta=\theta^*}\bar{K}_h(X_i-X_j)$$

$$= -2\frac{nh^{d/2}}{n^2}(\hat{\theta}-\theta_0)^T\sum_{i=1}^{n}\sum_{j=1}^{n}\epsilon_i\frac{\partial g(X_j,\theta_0)}{\partial\theta}\bar{K}_h(X_i-X_j) \qquad :A_{3-1,n}$$

$$\quad -2\frac{nh^{d/2}}{n^2}(\hat{\theta}-\theta_0)^T\sum_{i=1}^{n}\sum_{j=1}^{n}\epsilon_i\frac{\partial^2 g(X_j,\bar{\theta})}{\partial\theta\partial\theta^T}\bar{K}_h(X_i-X_j)(\theta^*-\theta_0) \qquad :A_{3-2,n}$$

ここで $\bar{\theta} = t\theta^* + (1-t)\theta_0,\ t \in (0,1)$ である. $A_{3-1,n}$ の後半を

$$\sqrt{n}\frac{1}{n^2}\sum_{i=1}^{n}\sum_{j=1}^{n}\epsilon_i\frac{\partial g(X_j,\theta_0)}{\partial\theta}\bar{K}_h(X_i-X_j)$$

$$=\sqrt{n}\frac{2}{n^2}\sum_{i=1}^{n-1}\sum_{j=i+1}^{n}\left(\epsilon_i\frac{\partial g(X_j,\theta_0)}{\partial\theta}+\epsilon_j\frac{\partial g(X_i,\theta_0)}{\partial\theta}\right)\bar{K}_h(X_i-X_j)$$

$$+\sqrt{n}\frac{1}{n^2}\sum_{i=1}^{n}\epsilon_i\frac{\partial g(X_i,\theta_0)}{\partial\theta}\bar{K}_h(X_i-X_i)$$

と変形すると右辺第一項は $U$-統計量になり補題 3.2 と定理 3.3 の証明と同様の操作を行うと正規分布に分布収束することが示せる. また, 右辺の第二項は

$$\frac{1}{n}\frac{1}{\sqrt{n}}\sum_{i=1}^{n}\epsilon_i\frac{\partial g(X_i,\theta_0)}{\partial\theta}\bar{K}_h(X_i-X_i)$$

$$=\frac{1}{nh^d}\frac{1}{\sqrt{n}}\sum_{i=1}^{n}\epsilon_i\frac{\partial g(X_i,\theta_0)}{\partial\theta}\bar{k}(0)$$

$$\xrightarrow{p}0$$

また $A_{3-2,n}$ の真ん中の部分は

$$E\left[\left\|\frac{1}{n^2}\sum_{i=1}^{n}\sum_{j=1}^{n}\epsilon_i\frac{\partial g(X_j,\bar{\theta})}{\partial\theta}\frac{\partial g(X_j,\bar{\theta})}{\partial\theta^T}\bar{K}_h(X_i-X_j)\right\|\right]$$

$$\leq E\left[\delta(X_i)\sup_{\theta\in\Theta}\left\|\frac{\partial g(X_j,\theta)}{\partial\theta}\frac{\partial g(X_j,\theta)}{\partial\theta^T}\right\|\bar{K}_h(X_i-X_j)\right]$$

$$=\iint\delta(x_i)\sup_{\theta\in\Theta}\left\|\frac{\partial g(x_j,\theta)}{\partial\theta}\frac{\partial g(x_j,\theta)}{\partial\theta^T}\right\|\bar{K}_h(x_i-x_i)f(x_i)f(x_j)dx_idx_j$$

$$=\iint\delta(x_i)\sup_{\theta\in\Theta}\left\|\frac{\partial g(x_j,\theta)}{\partial\theta}\frac{\partial g(x_j,\theta)}{\partial\theta^T}\right\|\frac{1}{h^d}\bar{k}\left(\frac{x_i-x_j}{h}\right)f(x_i)f(x_j)dx_idx_j$$

$$=\iint\delta(x_j+hu)\sup_{\theta\in\Theta}\left\|\frac{\partial g(x_j,\theta)}{\partial\theta}\frac{\partial g(x_j,\theta)}{\partial\theta^T}\right\|\bar{k}(u)f(x_j+hu)f(x_j)dx_jdu$$

$$=\int\sup_{\theta\in\Theta}\left\|\frac{\partial g(x_j,\theta)}{\partial\theta}\frac{\partial g(x_j,\theta)}{\partial\theta^T}\right\|\int\delta(x_j+hu)\bar{k}(u)f(x_j+hu)duf(x_j)dx_j$$

$$=\int\sup_{\theta\in\Theta}\left\|\frac{\partial g(x_j,\theta)}{\partial\theta}\frac{\partial g(x_j,\theta)}{\partial\theta^T}\right\|\delta(x_j)f(x_j)^2dx_j+O(h^2)=O(1)$$

また $\sqrt{n}(\hat{\theta}-\theta_0)=O_p(1)$ より,

$$T_{3,n}=O_p(h^{d/2})=o_p(1)$$

また，$T_{4,n}$ は $T_{3-2,n}$ と同様にして

$$
\begin{aligned}
&E\left[\left|\frac{1}{n^2}\sum_{i=1}^{n}\sum_{j=1}^{n}\left.\frac{\partial g(X_i,\theta)}{\partial\theta}\right|_{\theta=\theta^*}\left.\frac{\partial g(X_j,\theta)}{\partial\theta^T}\right|_{\theta=\theta^*}\bar{K}_h(X_i-X_j)\right|\right]\\
&\leq E\left[\left|\sup_{\theta\in\Theta}\left\|\frac{\partial g(X_i,\theta)}{\partial\theta}\right\|\sup_{\theta\in\Theta}\left\|\frac{\partial g(X_j,\theta)}{\partial\theta^T}\right\|\bar{K}_h(X_i-X_j)\right|\right]\\
&=O(1)
\end{aligned}
$$

したがって，$T_{4,n}=nh^{d/2}O_p(1/\sqrt{n})O_p(1)O_p(1/\sqrt{n})=O_p(h^{d/2})=o_p(1)$.

$T_{2,n}$ は

$$
\begin{aligned}
T_{2,n}&=\frac{nh^{d/2}}{n^2}\sum_{i=1}^{n}\epsilon_i^2\int\frac{1}{h^{2d}}K^2\left(\frac{X_i-x}{h}\right)dx\\
&=\frac{nh^{d/2}}{n^2}\sum_{i=1}^{n}\epsilon_i^2\int\frac{1}{h^{2d}}K^2\left(u\right)h^d du\\
&=h^{-d/2}\frac{1}{n}\sum_{i=1}^{n}\epsilon_i^2\int K^2(u)du\\
&=h^{-d/2}\left\{E[\sigma^2(X)]\int K^2(u)du+O_p\left(\frac{1}{\sqrt{n}}\right)\right\}
\end{aligned}
$$

となる．これと (4.5) を組み合わせると証明を完成する．∎

検出力を考えるために局所対立仮説

$$
H_{al}:E[Y|X]=g(X,\theta_0)+\frac{1}{\sqrt{nh^{d/2}}}\Delta(X) \tag{4.6}
$$

のもとでの分布を求めると，上の定理と同様な方法で以下の結果を得る．

[**系 4.3**]　定理 4.2 の仮定 (1), (2) が満たされ，$\theta_n\to\theta_0$ かつ $\sqrt{n}(\hat{\theta}-\theta_n)=O_p(1)$ となる $\theta_n$ が存在する．また，必要なモーメントが存在すると仮定する．このとき局所対立仮説 (4.6) のもとで検定統計量 $T_n$ は以下のように分布収束する．

$$
T_n-b_n\overset{d}{\to}N(E[\Delta^2(X_1)f(X_1)],V_\Delta)
$$

ここで $V_\Delta$ は

$$V_\Delta = 2 \int \bar{k}^2 (u) \, du \int (\sigma^2(x) + \Delta^2(x))^2 f^2(x) dx$$

である.

この結果からわかるように,ノンパラメトリック回帰を使う検定は基本的に $1/\sqrt{n}$ の速さで近づいてくる局所対立仮説は検出できない.それはノンパラメトリック回帰の収束速度がパラメトリック回帰の収束速度である $1/\sqrt{n}$ よりも遅いためである.この検定では $1/\sqrt{nh^{d/2}}$ 以下の速度で近づく局所対立仮説しか検出できない.

また,検出力を決めるゼロからのずれ $E[\Delta^2(X_1)f(X_1)]$ であるが,これは荷重関数に $\pi(x) = f^2(x)$ を使っているからで $\pi(x)$ をそのまま使うと $\int (\Delta(x))^2 \pi(x) dx$ となる.例えば $\pi(x) = f(x)$ を使うと $E[\Delta^2(X_1)]$ となり,基本的に $\Delta(x)$ がどんな関数であれ $L_2$ 距離が同じなら同じ検出力を持つ.

## 4.1.2 パラメトリック残差とノンパラメトリック回帰曲線との相関を見る検定

(4) の検定問題を

$$H_0 : E\{Y - g(X, \theta_0)|X\} = 0 \text{ を満たす } \theta_0 \in \Theta \text{ が存在する}$$

$$H_1 : \text{すべての } \theta \in \Theta \text{ について } E\{Y - g(X, \theta)|X\} \neq 0$$

と書き直すことができる.$E[Y_i|X_i] = m(X_i)$,$\epsilon_i = Y_i - m(X_i)$ に注意して,帰無仮説が正しいときには $\epsilon_i = Y_i - g(X_i, \theta_0)$ なので,この帰無仮説は $E\{\epsilon_i E(\epsilon_i|X_i)\} = 0$ と同値である.なぜなら,

$$\begin{aligned}
E\{\epsilon_i E(\epsilon_i|X_i)\} &= E[E\{\epsilon_i E(\epsilon_i|X_i)|X_i\}] \\
&= E[\{E(\epsilon_i|X_i)\}^2] \\
&= E[\{E(Y_i - g(X_i, \theta_0)|X_i)\}^2]
\end{aligned}$$

であり，最後の量がゼロであることと $E(Y_i - g(X_i, \theta_0)|X_i) = 0$ $a.s.$ は同値だからである．Zheng (1996) は，帰無仮説の下でパラメトリック推定をした場合の残差

$$e_i = Y_i - g(X_i, \hat{\theta})$$

を用いて $E\{\epsilon_i E(\epsilon_i|X_i)\} = 0$ の検定を提案した．また，leave-one-out を使ったカーネル推定量で $E[\epsilon|X = X_i] \equiv q(X_i)$ を推定すると

$$\hat{q}(X_i) = \frac{\frac{1}{n-1}\sum_{j\neq i}^n \frac{1}{h^d} K\left(\frac{X_i - X_j}{h}\right) e_j}{\frac{1}{n-1}\sum_{j\neq i}^n \frac{1}{h^d} K\left(\frac{X_i - X_j}{h}\right)}$$

である．もし帰無仮説が正しいときには，$\hat{\theta} \approx \theta_0$ だから

$$e_i = Y_i - g(X_i, \hat{\theta}) \approx \epsilon_i$$

である．したがって $E\{\epsilon_i E(\epsilon_i|X_i)\}$ を $\frac{1}{n}\sum_{i=1}^n e_i \hat{q}(X_i)$ により推定することができる．分母の不安定さを避けるために，前節でも使ったように $X$ の密度関数の推定量 $\hat{f}(\cdot)$ を荷重に使うと検定統計量は

$$V_n = nh^{d/2}\frac{1}{n}\sum_{i=1}^n e_i \hat{q}(X_i)\hat{f}(X_i)$$

となる．ただし，$X$ の密度関数の推定量にも leave-one-out を使ったカーネル推定量

$$\hat{f}(X_i) = \frac{1}{n-1}\sum_{j\neq i}^n \frac{1}{h^d} K\left(\frac{X_i - X_j}{h}\right)$$

を使う．これを使うことで検定統計量の形は非常に簡単になる．

　帰無仮説のもとでの $V_n$ の分布を求めるために $\hat{q}(\cdot)$ と $\hat{f}(\cdot)$ を $V_n$ に代入すると，

$$
\begin{aligned}
V_n &= nh^{d/2}\frac{1}{n}\sum_{i=1}^{n} e_i\hat{q}(X_i)\hat{f}(X_i) \\
&= nh^{d/2}\frac{1}{n}\sum_{i=1}^{n} e_i\frac{1}{n-1}\sum_{j\neq i}\frac{1}{h^d}K\left(\frac{X_i-X_j}{h}\right)e_j \\
&= \frac{nh^{d/2}}{n(n-1)}\sum_{i=1}^{n}\sum_{j\neq i} e_ie_j\frac{1}{h^d}K\left(\frac{X_i-X_j}{h}\right) \\
&= \frac{nh^{d/2}}{n(n-1)}\sum_{i=1}^{n}\sum_{j\neq i} \epsilon_i\epsilon_j\frac{1}{h^d}K\left(\frac{X_i-X_j}{h}\right) :\quad T_{1,n}^{'} \\
&\quad -2\frac{nh^{d/2}}{n(n-1)}(\hat{\theta}-\theta_0)^T\sum_{i=1}^{n}\sum_{j\neq i}\epsilon_i\left.\frac{\partial g(X_j,\theta)}{\partial\theta^T}\right|_{\theta=\theta^*}\frac{1}{h^d}K\left(\frac{X_i-X_j}{h}\right):\quad T_{3,n}^{'} \\
&\quad +\frac{nh^{d/2}}{n(n-1)}(\hat{\theta}-\theta_0)^T\sum_{i=1}^{n}\sum_{j\neq i}\left.\frac{\partial g(X_i,\theta)}{\partial\theta}\right|_{\theta=\theta^*}\left.\frac{\partial g(X_j,\theta)}{\partial\theta^T}\right|_{\theta=\theta^*} \\
&\quad \times\frac{1}{h^d}K\left(\frac{X_i-X_j}{h}\right)(\hat{\theta}-\theta_0):\quad T_{4,n}^{'}
\end{aligned}
\tag{4.7}
$$

となる．これを Härdle and Mammen の検定統計量 $T_n$ を比べてみると，(4.4) の $T_{1,n}$ と (4.7) の $T_{1,n}^{'}$ はカーネルが異なるだけで漸近的に同じものである．また，$V_n$ にはバイアス項である $T_{2,n}$ に対応する項がなく，$T_{3,n}^{'}$ と $T_{4,n}^{'}$ は $T_{3,n}$ と $T_{4,n}$ と同様に漸近的に無視できる項である．したがって $V_n$ の分布は $T_n$ からバイアスを除いたものとなる．

**[定理 4.4]**　以下のことを仮定する．

(1) $f(x),m(x),\delta(x),\sigma^2(x),\omega(x)$ は連続で有界な関数．$g(x,\theta)$ は $x$ について連続で $\theta$ に対して 2 階微分可能．また $\theta_0$ の近傍で $g(X,\theta)$, $\partial g(X,\theta)/\partial\theta$ は有限な二次モーメントを持つ．

(2) $E\left[\sup_{\theta\in\Theta}\left\|\frac{\partial g(X_1,\theta)}{\partial\theta}\right\|\right]<\infty$, $E\left[\sup_{\theta\in\Theta}\left\|\frac{\partial g(X_1,\theta)}{\partial\theta}\frac{\partial g(X_1,\theta)}{\partial\theta^T}\right\|\right]<\infty$

(3) $K(u)$ は対称で有界な二次カーネルで，$n\to\infty$ につれて $h\to 0$, $nh^{d/2}\to\infty$ を満たす．

(4) $\hat{\theta}$ は一致性を持ち，$\sqrt{n}(\hat{\theta}-\theta_0)=O_p(1)$.

このとき帰無仮説のもとで

$$V_n \to N(0, \Sigma)$$

ここで $V$ は

$$\Sigma = 2 \int K^2(u) du \int (\sigma^2(x))^2 f^2(x) dx$$

である.

　また, 局所対立仮説

$$H_{al} : E[Y|X] = g(X, \theta_0) + \frac{1}{\sqrt{nh^{d/2}}} \Delta(X) \tag{4.8}$$

のもとでの検定統計量の分布も Härdle and Mammen の検定統計量 $T_n$ からバイアス項 $b_n$ を除いたものとなる.

**[系 4.5]**　定理 4.4 の仮定が満たされ, $\theta_n \to \theta_0$ かつ $\sqrt{n}(\hat{\theta} - \theta_n) = O_p(1)$ となる $\theta_n$ が存在するとする. また, 必要なモーメントが存在すると仮定する. このとき局所対立仮説 (4.8) のもとで検定統計量 $V_n$ は以下のように法則収束する.

$$V_n \to N(E[\Delta^2(X_1) f(X_1)], \Sigma_\Delta)$$

ここで $\Sigma_\Delta$ は

$$\Sigma_\Delta = 2 \int K^2(u) du \int (\sigma^2(x) + \Delta^2(x))^2 f^2(x) dx$$

である.

## 4.2　経験過程を使った検定

　(4) の帰無仮説と対立仮説に関する検定として Bierens (1982) がはじめた経験過程を使うアプローチがある. これを用いると, 帰無仮説から回帰曲線がどのように乖離していようとも, ノンパラメトリック回帰を使わずに検定を行うことができる. $\xi \in \Xi \subset R^d$ を $R^d$ の上を動くことのできるパラメータとして, 帰無仮説が正しければすべての $\xi \in \Xi$ に対して

$$E[q(X, Y, \theta_0, \xi)] = 0$$

対立仮説が正しい場合には正のルベーグ測度をもつ $\Xi$ の部分集合上で

$$E[q(X, Y, \theta_0, \xi)] \neq 0$$

となるような関数 $q(X, Y, \theta, \xi)$ が存在するとする．つまり，$\xi$ を固定すれば帰無仮説のもとではゼロとなる一つのモーメント条件ができる．$\xi$ を $\Xi$ の上で動かすことによって無数のモーメント条件を作ることができ，それによってすべての帰無仮説からの乖離を検出しようというアプローチである．

実際には $\theta_0$ は未知であるため，推定した $\hat{\theta}$ を使い，経験過程

$$G_n(\xi) = \frac{1}{\sqrt{n}} \sum_{i=1}^{n} q(X_i, Y_i, \hat{\theta}, \xi)$$

を作る．一定の正則条件を仮定すると，帰無仮説のもとで $G_n(\xi)$ は期待値ゼロのガウス過程に収束し，$1/\sqrt{n}$ で近づく局所対立仮説のもとでは正のルベーグ測度をもつ $\Xi$ の部分集合上で期待値がゼロではないガウス過程に収束する．したがって，$G_n(\xi)$ の $L_2$ 距離を検定に使うと Cramér-von Mises 型の検定ができ，$L_\infty$ 距離を使うと Kolmogorov-Smirnov 型の検定を作ることができる．$L_2$ 距離によるこのアプローチを使う検定を二つ見ていくことにする．

## 4.2.1  Integrated Conditional Moment (ICM) 検定

Bierens (1990) で提案された Integrated Conditional Moment (ICM) 検定は次の補題を検出力の基礎としている．

**[補題 4.6（Bierens (1990) Lemma 1)]**    $\epsilon$ を $E[|\epsilon|] < \infty$ を満たす確率変数だとし，$X \in R^d$ を $P(E[\epsilon|X] = 0) < 1$ を満たす有界な確率変数だとする．このとき，集合 $S = \{\xi \in R^k | E[\epsilon \exp(\xi^T X)] = 0\}$ のルベーグ測度はゼロである．

$X$ を有界にする単調な連続変換（例えば $\tan^{-1}(X)$）は常に存在するので以下では一般性を失うことなく $X$ は有界であると仮定する．

$\epsilon = Y - g(X, \theta_0)$ としてこの補題を使うと，$E[\epsilon_i^2] < \infty$ なら帰無仮説のもと

で

$$Z_n(\xi) = \frac{1}{\sqrt{n}} \sum_{i=1}^{n} \epsilon_i \exp(\xi^T X_i)$$

は期待値ゼロの正規分布に分布収束するが，局所対立仮説

$$H_{al} : E[Y|X] = g(X, \theta_0) + \frac{1}{\sqrt{n}} \Delta(X)$$

のもとではほとんどの $\xi \in \Xi$ で期待値がゼロと異なる正規分布にしたがう.

ルベーグ測度がゼロの集合 $S$ 上では対立仮説のもとでも $E[\epsilon \exp(\xi^T X)] = 0$ となるので，$\Xi$ 上の確率測度 $\mu(\xi)$ のもとで二乗積分したもの

$$ICM_n = \int Z_n^2(\xi) d\mu(\xi)$$

を検定統計量にしたものが ICM 検定である．パラメータ $\xi$ の動ける範囲 $\Xi$ と $\Xi$ 上の確率測度 $\mu(\xi)$ は検定を行う者が選択する必要がある.

実際は $\theta_0$ は未知なので推定した $\hat{\theta}$ を用いた残差 $e_i = Y_i - g(X_i, \hat{\theta})$ を利用して

$$\hat{Z}_n(\xi) = \frac{1}{\sqrt{n}} \sum_{i=1}^{n} e_i \exp(\xi^T X_i)$$

を作り，検定統計量として

$$\widehat{ICM}_n = \int \hat{Z}_n^2(\xi) d\mu(\xi)$$

を使うことになる.

$\hat{Z}_n(\xi)$ を見てみると，帰無仮説のもとで

$$\begin{aligned}
\hat{Z}_n(\xi) &= \frac{1}{\sqrt{n}} \sum_{i=1}^{n} (Y_i - g(X_i, \hat{\theta})) \exp(\xi^T X_i) \\
&= \frac{1}{\sqrt{n}} \sum_{i=1}^{n} \left( \epsilon_i - \frac{\partial g(X_i, \bar{\theta})}{\partial \theta^T} (\hat{\theta} - \theta_0) \right) \exp(\xi^T X_i) \\
&= \frac{1}{\sqrt{n}} \sum_{i=1}^{n} \epsilon_i \exp(\xi^T X_i) - \frac{\partial g(X_i, \bar{\theta})}{\partial \theta^T} (\hat{\theta} - \theta_0) \exp(\xi^T X_i)
\end{aligned}$$

$\bar{\theta}$ は $\theta_0$ と $\hat{\theta}$ の間のベクトルである．ここで，$\hat{\theta}$ が非線形最小二乗法で推定さ

れているとすると

$$\sqrt{n}(\hat{\theta} - \theta_0) = E\left[\frac{\partial g(X_i, \theta_0)}{\partial \theta}\frac{\partial g(X_i, \theta_0)}{\partial \theta^T}\right]^{-1}\frac{1}{\sqrt{n}}\sum_{i=1}^{n}\epsilon_i\frac{\partial g(X_i, \theta_0)}{\partial \theta} + o_p(1)$$

なので

$$\hat{Z}_n(\xi) = \frac{1}{\sqrt{n}}\sum_{i=1}^{n}\epsilon_i\left(\exp(\xi^T X_i) - b(\xi)A(\theta_0)^{-1}\frac{\partial g(X_i, \theta_0)}{\partial \theta}\right) + o_p(1)$$

である．ここで $b(\xi)$, $A(\theta)$ は

$$b(\xi) = E\left[\frac{\partial g(X_i, \theta_0)}{\partial \theta^T}\exp(\xi^T X_i)\right]$$

$$A(\theta) = E\left[\frac{\partial g(X_i, \theta)}{\partial \theta}\frac{\partial g(X_i, \theta)}{\partial \theta^T}\right]$$

とする．

　一般的な条件のもとで有限個の $(\xi_1, \xi_2, \ldots, \xi_m)$ に対して $\Big\{\hat{Z}_n(\xi_1), \hat{Z}_n(\xi_2),$ $\ldots, \hat{Z}_n(\xi_m)\Big\}$ は多次元正規分布に分布収束するので，この経験過程が tight になるような正則条件のもとで $\hat{Z}_n(\xi)$ は帰無仮説のもと平均ゼロ，分散共分散関数

$$\Gamma(\xi_1, \xi_2) = \sigma^2 E\left[\left(\exp(\xi_1^T X_i) - b(\xi_1)A^{-1}\frac{\partial g(X_i, \theta_0)}{\partial \theta}\right)\right.$$
$$\left. \times \left(\exp(\xi_2^T X_i) - b(\xi_2)A^{-1}\frac{\partial g(X_i, \theta_0)}{\partial \theta}\right)\right]$$

を持つガウス過程 $Z(\xi)$ に弱収束する．

　以上を局所対立仮説のもとで，仮定も含めて定理の形で述べておこう．真のデータの生成過程を

$$Y_i = g(X_i, \theta_0) + \frac{1}{\sqrt{n}}\Delta(X_i) + \epsilon_i \tag{4.9}$$

とする．帰無仮説の場合は $\Delta(X) = 0$ の場合に対応する．

**[仮定 4.7]**　以下の仮定が満たされるとする．

1. パラメータ空間 $\Theta$ は $R^m$ のコンパクトな部分集合であり，$\theta_0$ は $\Theta$ の内点である．$g(X,\theta)$ は $\theta$ に対して連続 2 階微分可能．$E[\epsilon|X] = 0, E[\epsilon^2|X] = \sigma^2 < \infty$.

2. 確率測度 $\mu(\xi)$ はルベーグ測度に対して絶対連続である．

3. $A_n(\theta)$ を $A_n(\theta) = (1/n)\sum_{i=1}^n (\partial g(X,\theta)/\partial\theta)(\partial g(X,\theta)/\partial\theta^T)$ とすると $A_n(\theta)$ は $A(\theta)$ に $\Theta$ 上で一様に収束する．$A(\theta_0)$ は正値定符号行列．非線形最小二乗推定量 $\hat{\theta}$ は

$$\sqrt{n}(\hat{\theta} - \theta_0) = A(\theta_0)^{-1}\left(\frac{1}{\sqrt{n}}\sum_{i=1}^n \epsilon_i \frac{\partial g(X_i,\theta_0)}{\partial\theta}\right.$$
$$\left. + \frac{1}{n}\sum_{i=1}^n \Delta(X_i)\frac{\partial g(X_i,\theta_0)}{\partial\theta}\right) + o_p(1)$$

を満たす．

[**定理 4.8**]　仮定 4.7 が成り立ち (4.9) が正しいとする．$\phi(X,\xi) = \exp(\xi^T X) - b(\xi)A^{-1}\frac{\partial g(X,\theta_0)}{\partial\theta}$ として，平均

$$\eta(\xi) = E[\Delta(X)\phi(X,\xi)]$$

分散共分散関数

$$\Gamma(\xi_1,\xi_2) = \sigma^2 E[\phi(X,\xi_1)\phi(X,\xi_2)]$$

を持つ $\Xi$ 上のガウス過程を $Z$ とする．

このとき，$\hat{Z}_n(\xi)$ は $Z(\xi)$ に弱収束し，また

$$\widehat{ICM}_n \xrightarrow{d} \int Z^2(\xi)d\mu(\xi)$$

が成り立つ．

この定理からわかるが，ICM 検定は $1/\sqrt{n}$ で近づいてくる局所対立仮説を検出することができる．ノンパラメトリック回帰を使う Härdle and Mammen の検定や，Zheng の検定では $1/\sqrt{n}$ で近づく局所対立仮説に対しては検出力を持たず，よりゼロに収束するのが遅い $1/\sqrt{nh^{d/2}}$ で近づく局所対立仮説しか検出できなかった．そのために ICM 検定の方が，ノンパラメトリック回帰

を使った検定よりも検出力が高く思えるがそう簡単ではない．ICM 検定は帰無仮説からの乖離の方向によって検出力が大きく異なるのである．

このことを見るために Bierens and Ploberger (1997) で行ったように検定統計量を $Z(\xi)$ の分散共分散関数 $\Gamma(\xi_1, \xi_2)$ の固有関数を使って分解してみよう．固有値問題

$$\int \Gamma(\xi_1, \xi_2)\psi_i(\xi_2)d\mu(\xi_2) = \lambda_i \psi_i(\xi_1)$$

を満たす $\lambda_i$, $\psi_i(\xi)$, $i = 1, 2, \ldots$ を $\Gamma$ の固有値，固有関数という．$\lambda_1 \geq \lambda_2 \geq \lambda_3 \geq \cdots$ となるように順序付けしてあるものとする．基本的に行列の固有値，固有ベクトルと同じものである．ここで，$\Gamma(\xi_1, \xi_2)$ が対称で正値定符号なので $\lambda_i$ は非負で $\sum_{i=1}^{\infty} \lambda_i < \infty$ を満たす．また固有関数 $\psi_i(\xi)$, $i = 1, 2, \ldots$ は $L_2(\mu(\xi))$ の正規直交関数系である．これを使って $\hat{Z}_n(\xi)$ を直交分解すると

$$\hat{Z}_n(\xi) = \sum_{i=1}^{\infty} \left\langle \hat{Z}_n, \psi_i \right\rangle \psi_i(\xi)$$

で，$\left\langle \hat{Z}_n, \psi_i \right\rangle$ は内積

$$\left\langle \hat{Z}_n, \psi_i \right\rangle = \int \hat{Z}_n(\xi)\psi_i(\xi)d\mu(\xi)$$

である．これを使うと ICM 検定の検定統計量は

$$
\begin{aligned}
\widehat{ICM}_n &= \int \hat{Z}_n^2(\xi)d\mu(\xi) \\
&= \int \left( \sum_{i=1}^{\infty} \left\langle \hat{Z}_n, \psi_i \right\rangle \psi_i(\xi) \right)^2 d\mu(\xi) \\
&= \sum_{i=1}^{\infty} \left\langle \hat{Z}_n, \psi_i \right\rangle^2 \\
&= \sum_{i=1}^{\infty} \left( \frac{1}{\sqrt{n}} \sum_{j=1}^{n} \left( \epsilon_j + \frac{1}{\sqrt{n}}\Delta(X_j) \right) \int \phi(X_j, \xi)\psi_i(\xi)d\mu(\xi) \right)^2 \\
&= \sum_{i=1}^{\infty} \left( \frac{1}{\sqrt{n}} \sum_{t=1}^{N} \left( \epsilon_j + \frac{1}{\sqrt{n}}\Delta(X_j) \right) q_i(X_j) \right)^2
\end{aligned}
$$

ここで $q_i(X)$ は $q_i(X) = \int \phi(X, \xi)\psi_i(\xi)d\mu(\xi)$ である．$\psi_i(\xi)$ の直交性から

$$E[q_i(X)q_j(X)]$$

$$= E\left[\int \phi(X,\xi_1)\phi(X,\xi_2)\psi_i(\xi_1)\psi_j(\xi_2)d\mu(\xi_1)d\mu(\xi_2)\right]$$

$$= \frac{1}{\sigma^2}\int_{\xi_1}\int_{\xi_2}\Gamma(\xi_1,\xi_2)\psi_i(\xi_1)\psi_j(\xi_2)d\mu(\xi_1)d\mu(\xi_2)$$

$$= \frac{1}{\sigma^2}\int_{\xi_1}\lambda_j\psi_i(\xi_1)\psi_j(\xi_1)d\mu(\xi_1) = 0$$

なので $q_i(X)$ と $q_j(X), i \neq j$ も直交する．同様にして，

$$E\left[q_i^2(X)\right] = \frac{\lambda_i}{\sigma^2}$$

となる．したがって

$$h_i(X) = \frac{\sigma}{\sqrt{\lambda_i}}q_i(X)$$

を作ると，$\mu_X(X)$ を $X$ の確率測度として $L_2(\mu_X)$ の正規直交系となる．したがって ICM 検定の検定統計量は

$$\widehat{ICM}_n = \sum_{i=1}^{\infty}\lambda_i\left(\frac{1}{\sqrt{n}\sigma^2}\sum_{j=1}^{n}\left(\epsilon_j + \frac{1}{\sqrt{n}}\Delta(X_j)\right)h_i(X_j)\right)^2$$

$$= \sum_{i=1}^{\infty}\frac{\lambda_i}{\sigma^2}\left(\frac{1}{\sqrt{n}}\sum_{j=1}^{n}\epsilon_j h_i(X_i) + \frac{1}{n}\sum_{j=1}^{n}\Delta(X_j)h_i(X_j)\right)^2$$

となり，残差と $X$ の正規直交関数 $h_i(X)$ の相関を $1/(\sqrt{n}\sigma)$ で正規化したものの二乗を固有値で荷重した荷重和となっている．したがって，乖離 $\Delta(x)$ が $\Delta(x) = h_i(x)$ であるとすると，$\sum_{i=1}^{\infty}\lambda_i < \infty$, $\lambda_1 \geq \lambda_2 \geq \lambda_3 \geq \cdots$ より $i$ が大きくなるにつれて検出力が落ちて，有意水準に近づいていく．つまり，有意水準を $\alpha$ とし，それに対応した ICM 検定の臨界値を $\tau(\alpha)$ とすると，(4.9) が真かつ $\|\Delta(X)\|_{L_2(\mu_X)} = 1$ という条件のもとで

$$\inf_{\|\Delta(X)\|_{L_2(\mu_X)}=1}P(\widehat{ICM}_n > \tau(\alpha)) = \alpha$$

となる．つまり長さが 1 であっても検出できない方向の $\Delta(x)$ がある．

Neuhaus (1976) で明らかにされたが，分布関数の検定である Cramér-von Mises 検定も $1/\sqrt{n}$ の局所対立仮説を検出できるが局所対立仮説の帰無仮説か

らの乖離の方向を動かした場合の検出力の下限は有意水準と同じになり，検出力を持たない方向がある.

ICM 検定でより問題となるのがどの方向に検出力があるのかがわからないことである．検出力が高くなる $\Delta(x)$ は $h_1(x)$ や $h_2(x)$ などの荷重 $\lambda_i$ が高い値の関数と相関が強いものであるが，$h_i(x)$ の形は分散共分散関数 $\Gamma(\xi_1, \xi_2)$ に依存する．またそれは $\xi$ の動ける範囲 $\Xi$ や $\Xi$ 上の確率測度 $\mu(\xi)$ に依存する．つまり，検定を行うものが選択する $\Xi$ や $\mu(\xi)$ によってどの方向の乖離に対して検出力が高いかが異なり，かつどの方向に検出力が高いかが明示的にはわからないという欠点を持っている.

## 4.2.2　Stute (1997) の検定

Stute (1997) も経験過程を使った検定である．ただし，$X \in R^1$ の場合のみを考えている．この検定のエッセンスをつかむために話を簡単にして $\theta_0$ は既知で推定する必要がないものとする．この検定では

$$R_n(\xi) = \frac{1}{\sqrt{n}} \sum_{i=1}^{n} 1(X_i \leq \xi)\{Y_i - g(X_i, \theta_0)\}$$

という経験過程を検定に用いている．分散均一，$E[\epsilon^2|X] = \sigma^2$ を仮定すると，帰無仮説のもとでは

$$R_n(\xi) \xrightarrow{d} N(0, \sigma^2 F(\xi))$$

に分布収束する．ここで $F(\cdot)$ は $X$ の累積分布関数である．また，$R_n$ は平均ゼロ，分散共分散関数

$$Q(\xi_1, \xi_2) = \sigma^2(F(\xi_1) \wedge F(\xi_2)) \tag{4.10}$$

を持つガウス過程 $R$ に弱収束することを証明できる．この分散共分散関数は $\xi_1, \xi_2$ を $X$ の分布関数で時間変換したブラウン運動の分散共分散関数になっているので，

$$R_n(\xi) \Longrightarrow \sigma B(F(\xi))$$

と時間変換したブラウン運動で表すことができる．ただし，$B(t)$ は標準ブラウン運動である．

$1/\sqrt{n}$ で近づく局所対立仮説

$$H_{al} : Y_i = g(X, \theta_0) + \frac{1}{\sqrt{n}}\Delta(X) + \epsilon$$

のもとでは

$$R_n(\xi) \xrightarrow{d} N\left(\int_{-\infty}^{\xi} \Delta(t)dF(t), \sigma^2 F(\xi)\right)$$

なのでこの経験過程を使った検定も $1/\sqrt{n}$ で近づく局所対立仮説を検出できることになる．

ICM 検定と同様に分散共分散関数の固有関数を使って $R_n(\xi)$ を分解してみよう．$F(\cdot)$ で時間変換しているために，一般性を失うことなく $X \sim U(0,1)$ とする．そうすると，分散共分散関数 $Q(\xi_1, \xi_2)$ は

$$Q(\xi_1, \xi_2) = \sigma^2(\xi_1 \wedge \xi_2)$$

となる．この形の分散共分散関数の固有値と固有関数は

$$p_j(\xi) = \sqrt{2}\sin\left[\left(j - \frac{1}{2}\right)\pi\xi\right]$$

$$\lambda_j = \sigma^2\frac{1}{(j - \frac{1}{2})^2\pi^2}, \quad j = 1, 2, \ldots$$

であることが知られている．これを使って $R_n(\xi)$ を分解すると

$$R_n(\xi) = \sum_{j=1}^{\infty} \langle R_n, p_j \rangle\, p_j(\xi)$$

となり，フーリエ係数 $\langle R_n, p_j \rangle$ は

$$\langle R_n, p_j \rangle = \int_0^1 \frac{1}{\sqrt{n}} \sum_{i=1}^n 1(X_i \leq \xi)\{Y_i - g(X_i, \theta_0)\} p_j(\xi) d\xi$$

$$= \frac{1}{\sqrt{n}} \sum_{i=1}^n \{Y_i - g(X_i, \theta_0)\} \int_0^1 1(X_i \leq \xi)\sqrt{2}\sin\left[\left(j - \frac{1}{2}\right)\pi\xi\right] d\xi$$

$$= \frac{1}{\sqrt{n}} \sum_{i=1}^n \{Y_i - g(X_i, \theta_0)\} \int_{X_i}^1 \sqrt{2}\sin\left[\left(j - \frac{1}{2}\right)\pi\xi\right] d\xi$$

$$= \frac{1}{(j - \frac{1}{2})\pi} \frac{1}{\sqrt{n}} \sum_{i=1}^n \{Y_i - g(X_i, \theta_0)\}\sqrt{2}\cos\left[\left(j - \frac{1}{2}\right)\pi X_i\right]$$

である．したがって，$R_n(\xi)$ を使って Cramér-von Mises 型の検定統計量 $W_n$ を作ると

$$W_n = \int_0^1 R_n^2(\xi) d\xi = \sum_{j=1}^\infty \langle R_n, p_j \rangle^2$$

$$= \sum_{j=1}^\infty \frac{\lambda_j}{\sigma^2} \left(\frac{1}{\sqrt{n}} \sum_{i=1}^n \{Y_i - g(X_i, \theta_0)\}\sqrt{2}\cos\left[\left(j - \frac{1}{2}\right)\pi X_i\right]\right)$$

となるので，これは ICM 検定と同様に残差と $X$ の正規直交関数 $\cos\left[(j - \frac{1}{2})\pi X\right]$ の相関を正規化したものの二乗を固有値で荷重した荷重和になっている．また，周波数が低い $\cos$ 関数と相関が強い乖離に対して検出力が高くなる．帰無仮説からの乖離の方向 $\Delta(X)$ を $\Delta(X) = \sqrt{2}\cos\left[(j - \frac{1}{2})\pi X_i\right]$ として $j$ を増やしていくと検出力がどんどん落ちていき

$$\inf_{\|\Delta(X)\|_{L_2(\mu_X)}=1} P(W_n > \tau(\alpha)) = \alpha$$

となる点も ICM 検定と同様である．

## 4.3　ノンパラメトリックミニマックスアプローチ

ここまでで見てきたように，ノンパラメトリック回帰を使った検定は $1/\sqrt{n}$ で近づく局所対立仮説は検出できない．それに対して経験過程を使う ICM 検定や Stute の検定は $1/\sqrt{n}$ で近づく局所対立仮説を検出することはできるが，対立仮説の方向によって検出力が大きく異なり，有限個の標本では検出力が非常に低いかもしれない．

　この問題を考えるために Ingster (1993) で使われたノンパラメトリックミ
ニマックスアプローチを紹介する．これは対立仮説がある滑らかさを持った
クラスに含まれるとすると，その関数のクラスの中での最も検出しにくい対
立仮説の検出力が 1 に近づくのに必要な局所対立仮説の速度を比べるもので
ある．Ingster (1993) では分布関数に関する検定にこのアプローチが使われた
が，Guerre and Lavergne (2002) で回帰関数に関する検定に応用された．

　このアプローチを説明するためにいくつかの言葉を定義する．

**[定義 4.9（リプシッツクラス）]**　$R^d \to R^1$ の関数の集合であるリプシッツク
ラス $C_d(L, s)$ を次のように定義する．$0 \leq s < 1$ の場合，

$$C_d(L, s) = \{f : |f(x) - f(y)| \leq L \|x - y\|^s\}$$

$1 \leq s$ の場合，$[s]$ を $s$ を超えない最大の整数とすると，$m(\cdot)$ がほとんどいた
るところで $[s]$ 階微分可能で，すべての $[s]$ 階の偏導関数が $C_d(L, s - [s])$ に属
するとき $m(\cdot)$ は $C_d(L, s)$ に含まれる．

　ここで考える帰無仮説は

$$H_0 : E[Y|X] = g(X, \theta_0)$$

また，$E[Y|X] = m(X)$ として $\tilde{\theta} \in \Theta$ を $E\left[(g(X, \theta) - m(X))^2\right]$ を最小にす
る $\theta$ だとする．ここで

$$H_1(\rho) = \left\{m(\cdot) \,\middle|\, E\left[\left(g(X, \tilde{\theta}) - m(X)\right)^2\right] \geq \rho^2 \text{ and } m(\cdot) \in C_d(L, s)\right\}$$

を定義する．これは $C_d(L, s)$ に含まれる関数のうち，帰無仮説から $L_2$ 距離で
$\rho^2$ 以上離れているものの集合を表している．

　$n$ 個の観測値を使う任意の検定を $t_n \in \{0, 1\}$ とする．帰無仮説を棄却する
とき $t_n = 1$ で，受容する場合が $t_n = 0$ とする．この検定のサイズを $\alpha(t_n) =$
$E[t_n|H_0 \text{ true}]$ とする．$C_d(L, s)$ に含まれる対立仮説の中で一様な検出力を考
えるために $H_1(\rho)$ に対する第二種の誤りの確率が最大のものを考え，それを

$$\beta(t_n, \rho) = \sup_{m(\cdot) \in H_1(\rho)} E[1(t_n = 0)]$$

とする．$H_1(\rho)$ に対するミニマックス検出力は $1 - \beta(t_n, \rho)$ で与えられる．ま

た，$\beta(t_n, \rho) = o(1)$ を満たす検定は $H_1(\rho)$ に対して一様に一致性を持つという．

検定に関する最速ミニマックス速度 $\tilde{\rho}_n$ を次のように定義する．

**[定義 4.10]**　以下の二つの条件を満たす $\tilde{\rho}_n$ を検定に関する最速ミニマックス速度（optimal minimax rate）という．

1. $\alpha(t_n) \leq \alpha + o(1), \alpha > 0$ を満たす任意の検定について $\rho_n = o(\tilde{\rho}_n)$ なら

$$\beta(t_n, \rho_n) \geq 1 - \alpha + o(1)$$

2. $\alpha(\tilde{t}_n) \leq \alpha + o(1), \alpha > 0$ を満たし，任意の $\beta \in (0, 1-\alpha)$ に対して $\kappa > 0$ が存在し

$$\beta(\tilde{t}_n, \kappa\tilde{\rho}_n) \leq \beta + o(1)$$

を満たす検定 $\tilde{t}_n$ が存在する．このような検定 $\tilde{t}_n$ は最速検定（rate optimal test）と呼ばれる．

Guerre and Vavergne (2002) は以下のような設定で回帰関数に関する検定の最速ミニマックス速度を導出した．

**[仮定 4.11]**

1. $\{(X_i, Y_i), i = 1, 2, \ldots, n\}$ は $R^d \times R$ 上の母集団 $(X, Y)$ からの無作為標本とする．$m(\cdot) = E[Y|X = \cdot]$ とすると，$E[m^4(X)] \leq m_4 < \infty$ を満たす $m_4 > 0$ が存在する．$\epsilon = Y - m(X)$ とすると，$E[\epsilon^2] > 0, E[\epsilon^4] < \infty$．
2. $X$ の密度関数 $f(x)$ の台は $[0,1]^d$ で任意の $x \in [0,1]^d$ に対して $0 < f \leq f(x) \leq F < \infty$ を満たす $f, F$ が存在し，また台の上で連続．
3. $\sqrt{n}(\hat{\theta} - \tilde{\theta})$ は漸近的に正規分布に分布収束する．

仮定 4.11 の 2 は密度関数の台がコンパクトであり，ゼロから離れていることを求めている．この仮定は本質的で，$X$ の密度関数の台が有界でない場合にはどのような検定でも検出力がサイズ以下になる例を作ることができる．仮定 4.11 の 3 は帰無仮説が間違っている場合の推定量の漸近正規性を仮定しているハイレベルな仮定で，これが成立するためのより低いレベルでの仮定は，

例えば White (1981) によって与えられている.

**[定理 4.12]** $s \geq d/4$ の場合は $\tilde{\rho}_n = n^{-2s/(d+4s)}$, $s < d/4$ の場合は $\tilde{\rho}_n = n^{-1/4}$ とする. 仮定 4.11 が満たされ, $X$ で条件付けた $\epsilon$ の分布が $N(0,1)$ だとする. $\alpha(t_n) \leq \alpha + o(1)$ を満たすすべての検定について $\rho_n = o(\tilde{\rho}_n)$ ならば,

$$\beta(t_n, \rho_n) \geq 1 - \alpha + o(1)$$

が成り立つ.

この定理は $C_d(L, s)$ の中を一様に検出できる検定は $\tilde{\rho}_n$ よりも速く帰無仮説に近づく局所対立仮説は検出できないことを意味している. かつ, $\tilde{\rho}_n$ は $1/\sqrt{n}$ よりも遅い.

$\tilde{\rho}_n$ の速度で近づく局所対立仮説のもとで, サイズより高い検出力を持つ検定が存在すれば $\tilde{\rho}_n$ は最速ミニマックス速度になるのであるが, Guerre and Lavergne (2002) では $s$ の値が既知のもとで, $\tilde{\rho}_n$ で近づく局所対立仮説を検出できる Zheng (1996) の検定に似た検定統計量を提案している.

一般には $s$ は未知であり, その場合は, Horowitz and Spokoiny (2001) が $s$ が未知の場合に適応できる Härdle and Mammen の検定に似た検定統計量を提案している. ただし, この場合は $\tilde{\rho}_n = n^{-2s/(d+4s)}$ で近づく対立仮説は検出できず, $(n/\sqrt{\log \log n})^{-2s/(d+4s)}$ が検出できる最速の局所対立仮説になる.

ICM 検定が検出できる局所対立仮説のミニマックス速度は次の定理で与えられる.

**[定理 4.13（Guerre and Lavergne (2002) Theorem 4）]** 仮定 4.11 が満たされ, $X_i$ で条件付けた $\epsilon_i$ の分布が $N(0,1)$ だとする. また, $X$ の密度関数 $f(\cdot)$ が無限回連続微分可能であるとする. このときすべての $\rho_n = O(n^{-a})$, $\forall a > 0$ について

$$\beta(\widehat{ICM}_n, \rho_n) \geq 1 - \alpha + o(1)$$

が成り立つ.

この結果から ICM 検定にはどのように小さな $a > 0$ を選んでも検出できない滑らかな局所対立仮説が存在することがわかる.

# 第 5 章

# ブートストラップ法

　本章ではブートストラップ法について紹介する．ブートストラップ法は，推定量や検定統計量の分布を求める一般的な手法である．特にそれらのバイアス評価や分散の推定といった場面で有効である．5.1 節，5.2 節においてブートストラップ法の直感的な理解とフォーマルな導入をしたあと，5.3 節では最も簡単な例である期待値やその関数の推定，および分布関数の汎関数で表現される量の推定問題におけるブートストラップ法が一次の近似の意味でうまく機能することを述べる．5.4 節では，ブートストラップ法が一次の漸近近似よりも優れた性質を持つ場合について紹介する．最後に 5.5 節では，普通のブートストラップ法が機能しない場合とそれに対する対処方法について触れる．

## 5.1　ブートストラップ法の考え方

　ブートストラップ法は Efron (1979) が提案した再標本（resample）手法で，得られたデータを母集団とみなしてもう一度標本を取り出すことによって，元のデータの情報をさらに有効に引き出すことを試みる汎用的な統計手法である．

　まず最初に，ブートストラップの考え方をできるだけ平易に直感的に説明しよう．いま，分布関数 $F$ の特徴を表す量 $\theta(F)$ に興味があるものとする．最も簡単な一例は期待値 $\mu = \theta(F) = \int x dF(x)$ である．$F$ から無作為標本

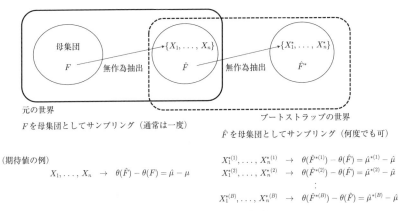

**図 5.1** ブートストラップ標本

$\{X_1, \ldots, X_n\}$ を得たとする．そのとき，$\hat{F}(x)$ を経験分布関数として，$\hat{\mu} = \theta(\hat{F}) = \int x d\hat{F}(x) = \frac{1}{n}\sum_{i=1}^{n} X_i$ によって $\mu$ を推定することができる．点推定としてはこれでよいが，推定の精度を知りたければその分散を推定する必要があり，また $\theta(F)$ に関する検定を行いたければ，$\theta(\hat{F})$ の分布が必要である．平均の例であれば，$Var(\hat{\mu}) = s^2 = \frac{1}{n-1}\sum_{i=1}^{n}(X_i - \hat{\mu})^2$ でうまく推定できる．また，$\sqrt{n}s^{-1}(\hat{\mu} - \mu)$ が漸近的に標準正規分布に従うことを用いて $\mu$ に関する検定を行うことができる．これは統計学の初歩の教科書にも説明がある簡単な問題なので，容易に対応できる．しかし，もし $\theta(F)$ が複雑な構造を持っているなどの理由で $\theta(\hat{F})$ の分散をうまく推定することが難しかったり，漸近分布による近似が良くなかったりする場合はどうすればよいだろうか？ ブートストラップは，このような状況において特に有効な手法である．

図 5.1 の実線の四角で囲まれた部分は，母集団分布 $F$ からサンプル $\{X_1, \ldots, X_n\}$ を得た元の世界の状況を描いたものである．破線で囲んだ部分は $\{X_1, \ldots, X_n\}$ の経験分布関数 $\hat{F}(x)$ を改めて母集団と見てサイズ $n$ の標本 $\{X_1^*, \ldots, X_n^*\}$ を取り出すサンプリングを表している．これをブートストラップ標本という．もし $n$ が十分大きければ，1.1 節で見たように $\hat{F}(x) \approx F(x)$ であり，極限では一致する．すると，元の世界とブートストラップの世界は類似した構造になっているはずである．つまり，サンプル $\{X_1^*, \ldots, X_n^*\}$ の経験

分布関数を $\hat{F}^*(x)$ として，$\theta(\hat{F}) - \theta(F)$ の分布は $\theta(\hat{F}^*) - \theta(\hat{F})$ の分布と何らかの意味で近いと考えられる．通常，元の標本 $\{X_1, \ldots, X_n\}$ は一度しか得られないが，ブートストラップ標本については分析者が繰り返し何度も取り出すことができる．そのため，$\theta(\hat{F}) - \theta(F)$ と違って $\theta(\hat{F}^*) - \theta(\hat{F})$ の経験分布関数を得ることができる．具体的には，次のような手続きである．図 5.1 では，再標本を繰り返して $B$ 個のブートストラップ標本 $\{X_1^{*(b)}, \ldots, X_n^{*(b)}\}$, $b = 1,$ $\ldots, B$ を得ている．$b$ 個目（$b = 1, \ldots, B$）のサンプルの経験分布を $\hat{F}^{*(b)}$ とし，それに対して $\theta(\hat{F}^{*(b)}) - \theta(\hat{F})$ を計算し，それら $B$ 個の値から作った経験分布関数 $\frac{1}{B} \sum_{b=1}^{B} 1(\theta(\hat{F}^{*(b)}) - \theta(\hat{F}) \leq x)$ は $\theta(\hat{F}) - \theta(F)$ の分布をうまく近似していることが期待される．これがブートストラップ法の基本的な考え方である．

　上の説明では，$F$ を経験分布関数によって推定する場合について説明したが，このような再標本の方法をノンパラメトリックブートストラップという．もしも分布関数がパラメータ $\theta$ により $F(x; \theta)$ と表される場合には，パラメトリック推定量 $\hat{F}(x) = F(x; \hat{\theta})$ を使えばよく，これはパラメトリックブートストラップと呼ばれる．

　以下では，最も簡単な期待値やその関数の推定問題におけるブートストラップ法，および分布関数の汎関数で表現される量の推定におけるブートストラップ法の性質を紹介する．それ以外にも応用上は例えば回帰分析のためのブートストラップ法は重要なテーマである．それについては，例えば Shao and Tu (1995) の 7.2.2 項を参照のこと．

## 5.2　ブートストラップ標本とブートストラップ分布

　ある分布 $F_0$ から無作為標本 $\mathcal{X} = \{X_1, \ldots, X_n\}$ を得たとき，統計分析で興味対象となる量は一般に $R_n = R_n(X_1, \ldots, X_n; \theta(F_0))$ と書ける．ここで，$\theta(F_0)$ は $F_0$ に依存する実数値ベクトルや関数である．このような量を Efron は根（root）と呼んでいる．もし $R_n$ が $\theta(F_0)$ に依存しなければ，それは統計量である．その分布 $G_n(x; F_0) = P(R_n \leq x)$ を知ることは統計解析の重要な目標の一つである．これがわかれば，例えばパラメータ $\theta(F_0)$ に関する検定や区間推定が可能になる．一般には，$F \neq F'$ なら $G_n(x; F) \neq G_n(x; F')$ で

ある．例外的に $G_n(x;F)$ が $F$ に依存しない場合，$R_n$ は pivotal な統計量であるという．また，$G_\infty(x;F) \equiv \lim_{n\to\infty} G_n(x;F)$ が $F$ に依存しない場合，すなわち $G_\infty(x;F) = G_\infty(x)$ と書けるとき，$R_n$ は漸近的に pivotal であるという．

例えば，$\bar{X} = \frac{1}{n}\sum_{i=1}^n X_i$，$s^2 = \frac{1}{n-1}\sum_{i=1}^n (X_i - \bar{X})^2$，$\mu(F_0) = \int x dF_0(x)$ として，標本平均をステューデント化した量を $R_n$ とすれば，

$$R_n(X_1,\ldots,X_n;\theta(F_0)) = \frac{\sqrt{n}\{\bar{X} - \mu(F_0)\}}{s} \xrightarrow{d} N(0,1) \tag{5.1}$$

という漸近正規性を有する．その極限分布は $F_0$ に依存しないので，これは漸近的に pivotal である．pivotal でない簡単な例は

$$\sqrt{n}\{\bar{X} - \mu(F_0)\} \xrightarrow{d} N(0,\sigma^2), \ \ \sigma^2 = \int x^2 dF_0(x) - \left\{\int x^2 dF_0(x)\right\}^2$$

である．通常は $G_n(x;F_0)$ は未知であるため，このように漸近的に pivotal な統計量の漸近分布 $G_\infty(x)$（今の例では標準正規分布）を導出し，$G_n(x;F_0)$ を $G_\infty(x)$ で近似することによって区間推定や仮説検定等の統計解析を行う．しかし，漸近的に pivotal な統計量が構成できない場合，あるいはその近似精度があまり良くない場合，この漸近理論に基づく統計分析は実用上問題である．

それに対する一つの代替的な方法を与えるのがブートストラップ法である．ブートストラップ法の考え方は，$G_n(x;F_0)$ に含まれる $F_0$ をその推定量 $\hat{F}$ で置き換えることによって，近似を行うというものである．つまり，$G_n(x;\hat{F})$ によって未知の分布関数 $G_n(x;F_0)$ を推定するわけである．分布 $F_0$ に分布族の仮定をおかない場合は，$\hat{F}$ として経験分布関数 $\hat{F}(x) = \frac{1}{n}\sum_{i=1}^n 1(X_i \le x)$ を用いる．これをノンパラメトリックブートストラップという．また，あるパラメトリックな分布族 $F(x;\theta)$ を想定する場合には，$\theta$ の適当な推定量 $\hat{\theta}$ を代入して，$\hat{F}(x) = F(x;\hat{\theta})$ を用いることができ，それをパラメトリックブートストラップという．

具体的に $G_n(x;\hat{F})$ が意味するところは，次のように考えるとわかりやすい．$I(\cdot)$ を指示関数とすると，

$$G_n(x; F_0) = P(R_n \leq x)$$

$$= E_{F_0}[I\{R_n(X_1, \ldots, X_n; \theta(F_0)) \leq x\}]$$

$$= \int I\{R_n(y_1, \ldots, y_n; \theta(F_0)) \leq x\} dF_0(y_1) \cdots dF_0(y_n) \quad (5.2)$$

と書ける．なお，$E_{F_0}[\cdot]$ は $F_0$ を用いた期待値のことである．最後の表現を用いて形式的に $F_0$ を $\hat{F}$ で置き換えると

$$G_n(x; \hat{F}) = \int I\{R_n(y_1, \ldots, y_n; \theta(\hat{F})) \leq x\} d\hat{F}(y_1) \cdots d\hat{F}(y_n) \quad (5.3)$$

を得る．$\hat{F}$ は確率的な量であるから $G_n(x; \hat{F})$ は分布関数とはいえない．しかし，以下の通り，$\mathcal{X} = \{X_1, \ldots, X_n\}$ を条件付けて考えれば分布関数と見ることができる．いま，$\hat{F}$ から得られる無作為標本を $\{X_1^*, \ldots, X_n^*\}$ として，それから元の問題と同様に $R_n^* = R_n(X_1^*, \ldots, X_n^*; \theta(\hat{F}))$ を構成し，$\mathcal{X}$ を条件付けた分布を考えてみよう．すると，

$$P(R_n(X_1^*, \ldots, X_n^*; \theta(\hat{F})) \leq x | \mathcal{X})$$

$$= E[I\{R_n(X_1^*, \ldots, X_n^*; \theta(\hat{F})) \leq x\} | \mathcal{X}]$$

$$= \int I\{R_n(y_1, \ldots, y_n; \theta(\hat{F})) \leq x\} d\hat{F}(y_1) \cdots d\hat{F}(y_n)$$

となり，(5.3) の右辺と一致する．したがって，この意味で $G_n(x; \hat{F})$ を条件付き分布関数と解釈できることがわかる．上に述べた $\{X_1^*, \ldots, X_n^*\}$ をブートストラップ標本，

$$\bar{G}_n^*(x; \hat{F}) = P(R_n(X_1^*, \ldots, X_n^*; \theta(\hat{F})) \leq x | \mathcal{X}) \quad (5.4)$$

$$\equiv P^*(R_n(X_1^*, \ldots, X_n^*; \theta(\hat{F})) \leq x) \quad (5.5)$$

を $R_n$ のブートストラップ分布と呼ぶ．また，

$$E^*[R_n(X_1^*, \ldots, X_n^*; \theta(\hat{F}))] = E[R_n(X_1^*, \ldots, X_n^*; \theta(\hat{F})) | \mathcal{X}]$$

$$Var^*[R_n(X_1^*, \ldots, X_n^*; \theta(\hat{F}))] = Var[R_n(X_1^*, \ldots, X_n^*; \theta(\hat{F})) | \mathcal{X}]$$

をそれぞれブートストラップ平均，ブートストラップ分散という．

　実際問題としては，(5.3) の積分が扱いやすい形で得られるかどうかわから

ない．しかし，(5.3) の表現を見ると，以下のようなモンテカルロシミュレーションにより近似が得られる．いま，$\hat{F}$ からサイズ $n$ の無作為標本を独立に $B$ 回取り出し，それを $\{X_i^{*(b)}\}$，$i = 1, \ldots, n$，$b = 1, \ldots, B$ とする．各 $b$ に対して $R_n^{*(b)} = R_n(X_1^{*(b)}, \ldots, X_n^{*(b)}; \theta(\hat{F}))$ を計算し，その経験分布

$$G_n^*(x; \hat{F}) = \frac{1}{B} \sum_{b=1}^{B} 1(R_n^{*(b)} \leq x) \tag{5.6}$$

を計算する．$B$ を大きくとれば，大数の法則が働いて $G_n^*(x; \hat{F})$ をいくらでも $G_n(x; \hat{F})$ に近づけることができる．一般に $G_n(x; \hat{F})$ は明示的な表現が得られなかったり，得られたとしても計算量が多いので，そのモンテカルロ近似である $G_n^*(x; \hat{F})$ を指してブートストラップ分布ということも多い．以下では，根のブートストラップ分布と根のモーメントのブートストラップによる近似の漸近理論について紹介する．その前に，簡単な例を二つ紹介する．

[**例 5.1（推定量のバイアス）**] $\hat{F}$ を経験分布関数とし，パラメータ $\delta(F_0)$ を推定量 $T(X_1, \ldots, X_n)$ で推定するとき，そのバイアスは $E_{F_0}\{T(X_1, \ldots, X_n) - \delta(F_0)\}$ である．いま，

$$R_n(X_1, \ldots, X_n; \theta(F_0)) = T(X_1, \ldots, X_n) - \delta(F_0)$$

と考えると，推定量のバイアスは $E_{F_0}\{R_n(X_1, \ldots, X_n; \theta(F_0))\}$，すなわち $\int x \, dG_n(x; F_0)$ である．(5.5) を使って近似すると，$E^*[\cdot] = E_{\hat{F}}[\cdot] = E[\cdot|\mathcal{X}]$ として

$$\begin{aligned}
\overline{bias}^* &= \int x \, d\bar{G}_n^*(x; \hat{F}) \\
&= E^*\{T(X_1^*, \ldots, X_n^*) - \delta(\hat{F})\} \\
&= \int \{T(x_1, \ldots, x_n) - \delta(\hat{F})\} d\hat{F}(x_1) \cdots d\hat{F}(x_n) \\
&= \frac{1}{n^n} \sum_{i_1=1}^{n} \cdots \sum_{i_n=1}^{n} T(X_{i_1}, \ldots, X_{i_n}) - \delta(\hat{F}) \tag{5.7}
\end{aligned}$$

であり，他方，バイアスをブートストラップ分布 (5.6) を使って近似すると

$$bias^* = \int x dG_n^*(x; \hat{F})$$

$$= \frac{1}{B} \sum_{b=1}^{B} \int x d1(R_n^{*(b)} \leq x) = \frac{1}{B} \sum_{b=1}^{B} R_n^{*(b)}$$

$$= \frac{1}{B} \sum_{b=1}^{B} \{ T(X_1^{*(b)}, \dots, X_n^{*(b)}) - \delta(\hat{F}) \}$$

となる.

　次に，推定量の分散のブートストラップ近似を紹介する．これは一次の漸近理論の精度が良くないと考えられる場合に実証分析で比較的よく用いられる.

[例 5.2 （推定量の分散）]　上の例と同じ推定問題を考える．このとき，

$$R_n(X_1, \dots, X_n; \theta(F_0)) = [T(X_1, \dots, X_n) - E_{F_0}\{T(X_1, \dots, X_n)\}]^2$$

とおくと，推定量の分散はその期待値である．

$$Var(T(X_1, \dots, X_n))$$

$$= E_{F_0}\{T(X_1, \dots, X_n) - E_{F_0}[T(X_1, \dots, X_n)]\}^2$$

$$= \int T(y_1, \dots, y_n)^2 dF_0(y_1) \cdots dF_0(y_n)$$

$$- \left\{ \int T(y_1, \dots, y_n) dF_0(y_1) \cdots dF_0(y_n) \right\}^2$$

であるから，これをブートストラップ分布 (5.6) で近似すると，ブートストラップ分散

$$Var^* = \frac{1}{B} \sum_{b=1}^{B} R_n^{*(b)}$$

$$= \frac{1}{B} \sum_{b=1}^{B} \left[ T(X_1^{*(b)}, \dots, X_n^{*(b)}) - \frac{1}{B} \sum_{b=1}^{B} T(X_1^{*(b)}, \dots, X_n^{*(b)}) \right]^2$$

を得る．(5.5) を使った近似は (5.7) と同様に $n$ 重積分（$n$ 重和）で表現される.

　特に，$T$ が平均

$$T(x_1, \ldots, x_n) = \frac{1}{n} \sum_{i=1}^{n} g(x_i)$$

の形である場合には，(5.5) を使って近似を行うと，

$$E_{\hat{F}}\{T(X_1^*, \ldots, X_n^*)\} = E^*\{g(X_1^*)\} = \frac{1}{n} \sum_{i=1}^{n} g(X_i)$$

であるから，$\bar{g} = \frac{1}{n} \sum_{i=1}^{n} g(X_i)$ として，

$$\overline{Var}^* = E^*\left\{\frac{1}{n} \sum_{i=1}^{n} [g(X_i^*) - \bar{g}]\right\}^2 = \frac{1}{n^2} \sum_{i=1}^{n} E^*\{g(X_i^*) - \bar{g}\}^2$$

$$= \frac{1}{n} E^*\{g(X_1^*) - \bar{g}\}^2 = \frac{1}{n^2} \sum_{i=1}^{n} \{g(X_i) - \bar{g}\}^2$$

を得る．これは $Var(\bar{g})$ の自然な推定量である．

　上のようにしてバイアスと分散の推定が可能であるから，$\theta$ の推定量 $\hat{\theta}$ の平均二乗誤差 $MSE = E[(\hat{\theta} - \theta)^2]$ をブートストラップによって近似できることもわかる．

## 5.3　ブートストラップ法の一次漸近理論

　この節はブートストラップ法を用いた際の漸近的な性質を議論する．上でも触れたように，ブートストラップ法は，例えば漸近分散の推定が簡単にはできないといった理由で一次の漸近理論がうまく使えない場合や，できたとしてもその精度が悪い場合に用いることができる代替的な方法と考えてよい．しかし，実際にブートストラップ法により正しい結果が得られるかどうかは明らかでなく，理論的性質を検証する必要がある．

　実は，一定の条件下でブートストラップ法は以下の二つの意味で有効であることが示される．第一に，ブートストラップ分布は，一次近似のみにとどまらず，二次近似になっている．すなわち，エッジワース展開と同等の精度を持っている．第二に，一次の漸近理論が成立するための条件が満たされていなくて

も，ブートストラップ分布による近似が有効である場合がある．それらの点については，次節以降に解説することにして，以下ではブートストラップ分布が少なくとも一次近似において妥当であることを示す．

(5.5) が (5.2) の良い近似になっているかどうか調べるためには二つの関数の比較をする必要がある．そのため，適当な距離 $\rho(\cdot,\cdot)$ を用意する．色々な定義が可能であるが，よく用いられるのは Kolmogorov-Smirnov (KS) の距離と Mallows-Wasserstein (MW) の距離である．前者は

$$d_\infty(F_1, F_2) = \sup_z |F_1(z) - F_2(z)|$$

である．後者は，$X \sim F_1, Y \sim F_2$ で $\int |x|^p dF_1(x) + \int |y|^p dF_2(y) < \infty$，周辺分布 $F_1, F_2$ を持つ 2 次元同時分布のクラスを $C_{p,F_1,F_2}$ としたとき，

$$\rho_p(F_1, F_2) = \inf_{C_{p,F_1,F_2}} (E|X - Y|^p)^{1/p}$$
$$= \left\{ \int_0^1 |F_1^{-1}(u) - F_2^{-1}(u)|^p du \right\}^{1/p}$$

である．二つ目の等号の成立は直感的にはわかりにくいが，Major (1978, Theorem 8.1) によって示されている．

以下の定理で，KS の距離を用いた標本平均の分布のブートストラップ近似の正当化を与える．以下では，次の収束のいずれかが成り立つ場合にブートストラップ分布に一致性があるという．

$$d_\infty(\bar{G}_n^*, G_n) \xrightarrow{p} 0,\ d_\infty(\bar{G}_n^*, G_n) \xrightarrow{a.s.} 0$$
$$\rho_p(\bar{G}_n^*, G_n) \xrightarrow{p} 0,\ \rho_p(\bar{G}_n^*, G_n) \xrightarrow{a.s.} 0$$

また，$\bar{G}_n^*$ を $G_n^*$ で置き換えたものが成り立つときにも同じく一致性があるという．以下では，一般的な表記として，根（root）の分布関数を $G_n$，そのブートストラップ分布を $\bar{G}_n^*$ と書くことにする．もちろん根が違えば異なる関数であることに注意されたい．

特に，標本平均の形で表現される統計量，経験分布の線形汎関数で表現される統計量，そして非線形の統計量の一例として，$U$-統計量のブートストラップ分布の一致性を示す．

ブートストラップ分布が良い近似になっていることを証明する際には，いく

つかのアプローチがある．第一は，根（root）の漸近分布の導出を真似てブートストラップ分布が同じ分布に収束することを示すやり方で，最もよく用いられる方法である．第二は，根をテイラー近似等によって線形化し，線形部分のブートストラップ分布の一致性を示し，さらに剰余項が無視できることを示すやり方である．第三は，$\rho_2$ の距離の性質を用いて，根の分布とブートストラップ分布を直接比べる方法である．

### 5.3.1 標 本 平 均

統計解析で最も初歩的かつ重要な統計量は標本平均であろう．いま，$\{X_i\}$，$i = 1, \ldots, n$ は分布 $F_0$ から得られた無作為標本で，$E[X_1] = \mu$，$Var(X_1) = \sigma^2 < \infty$ であるとする．中心極限定理により，標本平均 $\bar{X} = \frac{1}{n}\sum_{i=1}^{n} X_i$ について，$\Phi_\sigma$ を $N(0, \sigma^2)$ の分布関数として以下が成り立つ．

$$G_n(z) = P(\sqrt{n}(\bar{X} - \mu) \le z) \to \Phi_\sigma(z)$$

ここで，

$$P(\sqrt{n}(\bar{X} - \mu) \le z)$$
$$= E_{F_0}[I(\sqrt{n}\{\bar{X} - E_{F_0}(X_1)\} \le z)]$$
$$= \int \left[ I\left( \frac{1}{\sqrt{n}}\sum_{i=1}^{n}\left\{ x_i - \int x dF_0(x) \right\} \le z \right) \right] dF_0(x_1) \cdots dF_0(x_n) \quad (5.8)$$

と書けることに注意して (5.3) に従って計算すると，$\sqrt{n}(\bar{X} - \mu)$ のブートストラップ分布は

$$\bar{G}_n^*(z) = E_{\hat{F}}[I(\sqrt{n}\{\bar{X} - E_{\hat{F}}(X_1)\} \le z)]$$
$$= \int \left[ I\left( \frac{1}{\sqrt{n}}\sum_{i=1}^{n}(x_i - \bar{X}) \le z \right) \right] d\hat{F}(x_1) \cdots d\hat{F}(x_n)$$
$$= \frac{1}{n^n}\sum_{i_1=1}^{n} \cdots \sum_{i_n=1}^{n} I\left( \frac{1}{\sqrt{n}}\sum_{j=1}^{n}(X_{i_j} - \bar{X}) \le z \right) \quad (5.9)$$

あるいは，$\{X_1^*, \ldots, X_n^*\}$ をノンパラメトリックブートストラップ標本，$\bar{X}^* = \frac{1}{n}\sum_{i=1}^{n} X_i^*$，$\mu^* = \int x d\hat{F}(x)$ として，(5.5) に従って

$$\bar{G}_n^*(x; \hat{F}) = P(\sqrt{n}(\bar{X}^* - \mu^*) \le x | \mathcal{X})$$

$$= P^*(\sqrt{n}(\bar{X}^* - \mu^*) \le x)$$

であることがわかる．これを (5.6) によってモンテカルロ近似すると

$$G_n^*(z) = \frac{1}{B} \sum_{b=1}^{B} 1 \left( \frac{1}{\sqrt{n}} \sum_{i=1}^{n} (X_i^{*(b)} - \bar{X}) \le z \right) \tag{5.10}$$

である．以下で，上述の第一のアプローチによってその一致性を証明する．

それに先立って，そこで用いられる重要な結果を二つ紹介しておく．以下の定理は特性関数の収束と分布収束の関係を述べたものである．

**［定理 5.3（連続性定理）］**　確率変数 $X$ の特性関数を $\psi(t) = E\{\exp(itX)\}$，確率変数 $X_n$ の特性関数を $\psi_n(t) = E\{\exp(itX_n)\}$ とする．$n \to \infty$ のとき $X_n \overset{d}{\to} X$ が成り立つための必要十分条件は，各点 $t$ で $\psi_n(t) \to \psi(t)$ であることである．

次の定理は，確率変数が分布収束して，その収束先の分布関数が連続なら，その収束は一様であることを保証するものである．

**［定理 5.4（Polya の定理）］**　$F_n(x), F(x)$ をそれぞれ $X_n, X$ の分布関数とする．$n \to \infty$ のとき $X_n \overset{d}{\to} X$ で，$F(x)$ が連続関数であれば，$\sup_x |F_n(x) - F(x)| \to 0$ が成立する．

上の二つの定理から，確率変数 $X_n$ の特性関数が各点で正規分布の特性関数に収束すれば，$X_n$ の分布収束は一様であることがわかる．

**［定理 5.5（標本平均のブートストラップ分布 (Singh　(1981)，　Yang (1988)))］**　$\{X_1, \ldots, X_n\}$ を分布 $F_0$ からの無作為標本，$E[X_1] = \mu$，$Var(X_1) = \sigma^2 < \infty$ とする．$\{X_1^*, \ldots, X_n^*\}$ をノンパラメトリックブートストラップ標本とすると，(5.8) と (5.9) について，

$$d_\infty(\bar{G}_n^*, G_n) \overset{a.s.}{\to} 0$$

が成り立つ．

**証明**    $d_\infty$ が距離であることから

$$d_\infty(\bar{G}_n^*, G_n) \leq d_\infty(\bar{G}_n^*, \Phi_\sigma) + d_\infty(\Phi_\sigma, G_n)$$

が成り立つ. 右辺の2項がともに0に収束することを示せばよい. 定理5.3と定理5.4から, それぞれについて特性関数の差が各点で0に収束することを証明すればよい. $d_\infty(\Phi_\sigma, G_n) \doteq 0$ は中心極限定理と定理5.3から明らかであるが, 右辺第一項が確率1で0に収束することを示す際に同様の計算を行うため, 以下に証明を与える. $X_1 - \mu$ の特性関数を $\psi_0(t)$ とすると,

$$\psi_0(t) = 1 - \frac{\sigma^2}{2}t^2 + r(t)$$
$$|r(t)| \leq E\left[\min\left(\frac{|t(X_1 - \mu)|^3}{6}, |t(X_1 - \mu)|^2\right)\right] \tag{5.11}$$

である (例えば Billingsley (1995), p.343 参照). 無作為標本の仮定より, $\sqrt{n}(\bar{X} - \mu)$ の特性関数 $\psi_n(t)$ は

$$\psi_n(t) = \left\{1 - \frac{\sigma^2}{2n}t^2 + r\left(\frac{t}{\sqrt{n}}\right)\right\}^n$$

である. (5.11) より, 任意の $\epsilon > 0$ に対して

$$
\begin{aligned}
n\left|r\left(\frac{t}{\sqrt{n}}\right)\right| &\leq nE\left[\min\left(\frac{|t(X_1 - \mu)|^3}{6n^{3/2}}, \frac{|t(X_1 - \mu)|^2}{n}\right)\right] \\
&\leq n\int_{|x-\mu|\leq\epsilon\sqrt{n}} \min\left(\frac{|t(x-\mu)|^3}{6n^{3/2}}, \frac{|t(x-\mu)|^2}{n}\right)dF_0(x) \\
&\quad + n\int_{|x-\mu|>\epsilon\sqrt{n}} \min\left(\frac{|t(x-\mu)|^3}{6n^{3/2}}, \frac{|t(x-\mu)|^2}{n}\right)dF_0(x) \\
&\leq \epsilon n\sqrt{n}\int_{|x-\mu|\leq\epsilon\sqrt{n}} \frac{|t|^3(x-\mu)^2}{6n^{3/2}}dF_0(x) \\
&\quad + n\int_{|x-\mu|>\epsilon\sqrt{n}} \frac{|t(x-\mu)|^2}{n}dF_0(x) \\
&\leq \frac{\epsilon|t|^3\sigma^2}{6} + |t|^2\int_{|x-\mu|>\epsilon\sqrt{n}}(x-\mu)^2 dF_0(x)
\end{aligned}
$$

が成り立つ. $\epsilon$ は任意に小さくとれるので, 各 $t$ に対して $n \to \infty$ のときに

$$n\left|r\left(\frac{t}{\sqrt{n}}\right)\right| \to 0$$

が成り立つ．$\psi_n(t)$ と $N(0, \sigma^2)$ の特性関数 $\exp(-\frac{\sigma^2 t^2}{2})$ との差は，各 $t$ に対して $n \to \infty$ のときに

$$
\begin{aligned}
\left| \psi_n(t) - \exp\left( -\frac{\sigma^2 t^2}{2} \right) \right| &= \left| \left\{ 1 - \frac{\sigma^2}{2n} t^2 + r\left( \frac{t}{\sqrt{n}} \right) \right\}^n - \left\{ \exp\left( -\frac{\sigma^2 t^2}{2n} \right) \right\}^n \right| \\
&\leq n \left| \exp\left( -\frac{\sigma^2 t^2}{2n} \right) - \left\{ 1 - \frac{\sigma^2}{2n} t^2 + r\left( \frac{t}{\sqrt{n}} \right) \right\} \right| \\
&\leq n \left\{ \frac{\sigma^4 |t|^4}{8n^2} + \left| r\left( \frac{t}{\sqrt{n}} \right) \right| \right\} \\
&\to 0
\end{aligned}
$$

となる．ここで，2行目の不等号は $|z_i| \leq 1$, $|w_i| \leq 1$ を満たす任意の複素数 $z_i, w_i$, $i = 1, \ldots, n$ について，$|\prod_{i=1}^n z_i - \prod_{i=1}^n w_i| \leq \sum_{i=1}^n |z_i - w_i|$ であることを用いた（帰納法により簡単に証明できるが，例えば Billingsley (1995, p.358) の Lemma 1 を参照）．また，二つ目の不等号はテイラー展開 $\exp(x) = 1 + x + \exp(\lambda x) x^2 / 2$, $\lambda \in [0, 1]$ と $x \geq 0$ なら $\exp(-x) \leq 1$ であることを用いた．したがって，$d_\infty(\Phi_\sigma, G_n) \to 0$ が成り立つ．

次に，$\{X_1, \ldots, X_n\}$ を条件付けて上の導出と同様の計算を行い，$d_\infty(\bar{G}_n^*, \Phi_\sigma) \overset{a.s.}{\to} 0$ を示す．$X_1^* - \mu^*$ の条件付き特性関数を $\psi_0^*(t)$ とすると，

$$
\psi_0^*(t) = 1 - \frac{\sigma^{*2}}{2} t^2 + r^*(t)
$$

$$
|r^*(t)| \leq E^* \left\{ \min\left( \frac{|t(X_1^* - \mu^*)|^3}{6}, |t(X_1^* - \mu^*)|^2 \right) \right\} \tag{5.12}
$$

となる．ただし，$E^*$ は $\{X_1, \ldots, X_n\}$ を条件とする条件付き期待値で，$\sigma^{*2} = E^*[(X_1^* - \mu^*)^2] = \frac{1}{n} \sum_{i=1}^n (X_i - \bar{X})^2$ である．$\bar{G}_n^*$ の条件付き特性関数 $\psi_n^*(t)$ は

$$
\psi_n^*(t) = \left\{ 1 - \frac{\sigma^{*2}}{2n} t^2 + r^*\left( \frac{t}{\sqrt{n}} \right) \right\}^n
$$

である．(5.12) より

$$n \left| r^* \left( \frac{t}{\sqrt{n}} \right) \right| \leq n E^* \left\{ \min \left( \frac{|t(X_1^* - \mu^*)|^3}{6n^{3/2}}, \frac{|t(X_1^* - \mu^*)|^2}{n} \right) \right\}$$

$$\leq \frac{|t|^3}{6n^{1/2}} E^* |X_1^* - \mu^*|^3 = \frac{|t|^3}{6n^{3/2}} \sum_{i=1}^n |X_i - \bar{X}|^3$$

$$\leq \frac{2|t|^3}{3n^{3/2}} \sum_{i=1}^n |X_i - \mu|^3 + \frac{2|t|^3}{3n^{1/2}} |\bar{X} - \mu|^3$$

である. 最後の不等式は $|a - b|^3 \leq 4(|a|^3 + |b|^3)$ を用いた. $E|X_1 - \mu|^2 < \infty$ なので, 大数の強法則から $\bar{X} \overset{a.s.}{\to} \mu$ であり, Marcinkiewicz-Zygmund の大数の強法則 (Kallenberg (2002), Theorem 4.23 参照) から,

$$\frac{1}{n^{3/2}} \sum_{i=1}^n |X_i - \mu|^3 \overset{a.s.}{\to} 0$$

である. これらから, 各 $t$ に対して $n \to \infty$ のときに

$$n \left| r^* \left( \frac{t}{\sqrt{n}} \right) \right| \overset{a.s.}{\to} 0 \tag{5.13}$$

が成り立つ. また, $E|X_1 - \mu|^2 < \infty$ のもとで, 大数の強法則から

$$\sigma^{*2} = \frac{1}{n} \sum_{i=1}^n (X_i - \bar{X})^2 \overset{a.s.}{\to} \sigma^2 \tag{5.14}$$

である. (5.13), (5.14) の結果を用いると, $\psi_n^*(t)$ と $N(0, \sigma^2)$ の特性関数 $\exp(-\frac{\sigma^2 t^2}{2})$ との差は, 各 $t$ に対して $n \to \infty$ のときに

$$\left| \psi_n^*(t) - \exp \left( -\frac{\sigma^2 t^2}{2} \right) \right|$$

$$= \left| \left\{ 1 - \frac{\sigma^{*2}}{2n} t^2 + r^* \left( \frac{t}{\sqrt{n}} \right) \right\}^n - \left\{ \exp \left( -\frac{\sigma^2 t^2}{2n} \right) \right\}^n \right|$$

$$\leq n \left| \exp \left( -\frac{\sigma^2 t^2}{2n} \right) - \left\{ 1 - \frac{\sigma^2}{2n} t^2 - \frac{\sigma^{*2} - \sigma^2}{2n} t^2 + r^* \left( \frac{t}{\sqrt{n}} \right) \right\} \right|$$

$$\leq \frac{|t|^3}{n^{1/2}} + t^2 |\sigma^{*2} - \sigma^2| + n \left| r^* \left( \frac{t}{\sqrt{n}} \right) \right|$$

$$\overset{a.s.}{\to} 0$$

であることがわかる. したがって, 定理 5.3 と定理 5.4 より, $d_\infty(\bar{G}_n^*, \Phi_\sigma) \overset{a.s.}{\to}$

0 が成り立つ.

上の定理はブートストラップ分布の一致性のための十分条件の組を与えているが, Gine and Zinn (1989) はそのための必要条件を調べ, 次の結果を得ている.

**[定理 5.6 (ブートストラップ分布の一致性の必要条件)]**

$$P^*\left(\frac{1}{a_n}\sum_{i=1}^n\{X_i^* - c_n(X_1,\ldots,X_n)\} \le z\right) \overset{a.s.}{\to} G(z)$$

を満たす分布関数 $G(x)$, 増加列 $a_n \to \infty$, $X_1,\ldots,X_n$ の関数 $c_n(X_1,\ldots,X_n)$ が存在するなら

$$a_n/\sqrt{n} \to 1, \ E[X_1^2] < \infty$$

である.

この定理から, $E[X_1^2] = \infty$ ならば, 標本平均のブートストラップ分布は一致性を持たないことがわかる.

Bickel and Freedman (1981) は $d_\infty$ ではなく, $\rho_2$ の距離を用いて, $m/n$ ブートストラップ標本に関して同様の結果を証明している. $m/n$ ブートストラップはブートストラップ標本の大きさを小さくして $m\,(< n)$ 個にして行うブートストラップである.

なお, $\sqrt{n}(\bar{X} - \mu)$ を標準化した量 $\sqrt{n}(\bar{X} - \mu)/\sigma$ についても, ブートストラップ分布の一致性を示すことができる. つまり, $G_n(z) = P(\sqrt{n}(\bar{X} - \mu)/\sigma \le z)$ と $\bar{G}_n^*(z) = P^*(\sqrt{n}(\bar{X}^* - \mu^*)/\sigma^* \le z)$ に対して

$$d_\infty(\bar{G}_n^*, G_n) \overset{a.s.}{\to} 0 \tag{5.15}$$

が成り立つ. ただし,

$$\sigma^{*2} = Var^*(X_1^*) = E^*[X_1^* - E[X_1^*]]^2 = \frac{1}{n}\sum_{i=1}^n(X_i - \bar{X})^2$$

である. 上の定理と同様の証明が可能であることは明らかであろう. また, ス

チューデント化された量 $\sqrt{n}(\bar{X} - \mu)/s$ についても同様の結果が成り立つが,これらの漸近的に pivotal な量については,さらに高次の意味で良い近似であることが示されるため,後節で詳細を示す.

標本平均の関数 $\sqrt{n}\{g(\bar{X}) - g(\mu)\}$ については,以下のような線形化のアプローチによってブートストラップ分布の一致性を示すことができる.

**[定理 5.7(標本平均の関数)]** $\{X_1, \ldots, X_n\}$ を分布 $F_0$ からの無作為標本,$E[X_1] = \mu$, $Var(X_1) = \sigma^2 < \infty$ とする.$g(x)$ を $x = \mu$ で2階連続微分可能な関数とし,$g'(\mu) = dg(x)/dx|_{x=\mu} \neq 0$ であるとする.$\{X_1^*, \ldots, X_n^*\}$ をノンパラメトリックブートストラップ標本とし,$\mu^* = E^*(X_1^*) = \bar{X}$ とすると,

$$G_n(z) = P(\sqrt{n}\{g(\bar{X}) - g(\mu)\} \leq z)$$
$$G_n^*(z) = P^*(\sqrt{n}\{g(\bar{X}^*) - g(\mu^*)\} \leq z)$$

について

$$d_\infty(\bar{G}_n^*, G_n) \overset{a.s.}{\to} 0$$

が成立する.

**証明** テイラー展開によって,ある $\lambda \in [0, 1]$ に対して

$$\sqrt{n}\{g(\bar{X}) - g(\mu)\} = \sqrt{n}g'(\mu)(\bar{X} - \mu) + \frac{\sqrt{n}}{2}g''(\mu + \lambda(\bar{X} - \mu))(\bar{X} - \mu)^2$$
$$= \sqrt{n}g'(\mu)(\bar{X} - \mu) + r_n$$

が成り立つ.ここで,$\bar{X} \overset{a.s.}{\to} \mu$, $\sqrt{n}(\bar{X} - \mu) \overset{d}{\to} N(0, \sigma^2)$ なので,$g(x)$ が $x = \mu$ で2階連続微分可能な関数であることから $r_n \overset{a.s.}{\to} 0$ となり,定理 5.4 から

$$d_\infty(G_n(z), \Phi_{g'(\mu)\sigma}(z)) \to 0 \tag{5.16}$$

が得られる.$\Phi_{g'(\mu)\sigma}(z)$ は $N(0, g'(\mu)^2\sigma^2)$ の分布関数である.同様に,$\lambda^* \in [0, 1]$ に対し

$$\sqrt{n}\{g(\bar{X}^*) - g(\mu)\}$$

$$= \sqrt{n}g'(\mu)(\bar{X}^* - \mu) + \frac{\sqrt{n}}{2}g''(\mu + \lambda^*(\bar{X}^* - \mu))(\bar{X}^* - \mu)^2$$

$$= \sqrt{n}g'(\mu)(\bar{X}^* - \mu) + r_n^*$$

と書けて，$r_n^* \overset{a.s.}{\to} 0$ である．二つの式の差をとると，

$$\sqrt{n}\{g(\bar{X}^*) - g(\bar{X})\} = \sqrt{n}g'(\mu)(\bar{X}^* - \bar{X}) + r_n^* - r_n$$

を得る．$r_n^* - r_n$ は無視できるため，$\sqrt{n}\{g(\bar{X}^*) - g(\bar{X})\}$ は $\sqrt{n}g'(\mu)(\bar{X}^* - \bar{X})$ と同じ極限分布を持つ．定理 5.4 と定理 5.5 より

$$d_\infty(P\{\sqrt{n}g'(\mu)(\bar{X}^* - \bar{X}) \le z\}, \Phi_{g'(\mu)\sigma}(z)) \overset{a.s.}{\to} 0$$

が成り立ち，したがって

$$d_\infty(\bar{G}_n^*, \Phi_{g'(\mu)\sigma}(z)) \overset{a.s.}{\to} 0 \tag{5.17}$$

を得る．(5.16), (5.17) より定理の結果が得られる． ∎

　Mammen (1992) の Theorem 1 は，平均の形で表される統計量に関しては，中心極限定理が成立することとブートストラップ分布が一致性を持つことが同値であることを示した．証明は省略し，少し単純化した結果のみ記す．原典では，標本が三角配列であり，また以下の関数 $g(\cdot)$ が標本の大きさ $n$ に依存することを許している．$T(F) = \int g(x)dF(x)$ の推定問題を考える．

**[定理 5.8（Mammen (1992) Theorem 1）]**　分布 $F$ から無作為標本 $\{X_1, \ldots, X_n\}$ が得られたとき，ある関数 $g$ について，統計量 $T_n = T(\hat{F}) = \frac{1}{n}\sum_{i=1}^n g(X_i)$ を考える．$\{X_1, \ldots, X_n\}$ の経験分布関数 $\hat{F}$ からブートストラップ標本 $\{X_1^*, \ldots, X_n^*\}$ を取り出し，その経験分布関数を $\hat{F}^*$，$T_n^* = T(\hat{F}^*) = \frac{1}{n}\sum_{i=1}^n g(X_i^*)$ とする．数列 $t_n$ と $\sigma_n$ に対し，分布関数

$$G_n(z) = P\left(\frac{T_n - t_n}{\sigma_n} \le z\right)$$

を定義する．また，

$$\bar{G}_n^*(z) = P\left(\frac{T_n^* - T_n}{\sigma_n} \leq z \,\middle|\, X_1, \ldots, X_n\right)$$

とする.このとき,以下は同値である.

(i) $d_\infty(G_n, \Phi) \to 0$

(ii) $d_\infty(\bar{G}_n^*, G_n) \xrightarrow{p} 0$

この定理において,$Var(g(X_1))$ が存在する場合は,$(i)$ は $t_n = E[g(X_1)]$,$\sigma_n = \frac{1}{n} Var(g(X_1))$ に対して成立する.この定理の仮定が満たされずブートストラップがうまく働かないいくつかの例は Horowitz (2001, p.3168-3169) に紹介されている.ここでは $F$ について平均の形を持つ線形の汎関数に関して漸近正規性とブートストラップ分布の一致性が同値であることが示されているが,非線形の汎関数については,この性質は成り立たない.反例は,例えば Beran (1982), Mammen (1992, p.12) を参照のこと.

## 5.3.2 統計的汎関数のブートストラップ分布

$\mathcal{F}$ を分布関数の族とする.このとき,統計分析において $F_0 \in \mathcal{F}$ に対して汎関数 $T(F_0)$ で表される量が興味の対象であることは多い.例えば,分布関数 $F_0$ をもつ確率変数 $X$ の期待値は

$$E[X] = \int x \, dF_0(x)$$

であり,分散は

$$Var(X) = \int x^2 \, dF_0(x) - \left\{\int x \, dF_0(x)\right\}^2$$
$$= \int x^2 \, dF_0(x) - \iint x_1 x_2 \, dF_0(x_1) dF_0(x_2)$$

である.定数 $\alpha, \beta$,関数 $F_1, F_2$ に対して $T(\alpha F_1 + \beta F_2) = \alpha T(F_1) + \beta T(F_2)$ が成立するとき,$T$ は線形汎関数であるという.もちろん,明らかに期待値は線形汎関数であり,分散は線形汎関数ではない.

$T(F_0)$ を推定する自然なアプローチは,$F_0$ を経験分布関数 $\hat{F}$ で置き換えて $T(\hat{F})$ を推定量とするものである.$T(\hat{F})$ を統計的汎関数という.実際,期待値であれば,

$$\widehat{E[X]} = \int x d\hat{F}(x) = \frac{1}{n} \sum_{i=1}^{n} X_i = \bar{X}$$

であり，分散なら

$$\widehat{Var(X)} = \int x^2 d\hat{F}(x) - \left\{ \int x d\hat{F}(x) \right\}^2$$

$$= \frac{1}{n} \sum_{i=1}^{n} X_i^2 - \left( \frac{1}{n} \sum_{i=1}^{n} X_i \right)^2 = \frac{1}{n} \sum_{i=1}^{n} (X_i - \bar{X})^2$$

となり，それぞれ標本平均，標本分散と一致することがわかる．これらのみでなく，M 推定量，L 統計量，分位点，クラーメル＝フォン＝ミーゼス統計量など多くの統計量が統計的汎関数によって表現され，ロバスト統計学等においても重要な概念である（例えば，Huber (1981) を参照）．一般に，$d_\infty(\hat{F}, F_0) \overset{a.s.}{\to} 0$ が成立するので，上の平均，分散に限らず $T(\cdot)$ が十分に滑らかであれば $T(\hat{F})$ は $T(F_0)$ の良い推定量になっていることが期待される．普通の関数と同様に，汎関数の滑らかさを次のように定める．フレシェ微分は，すでにセミパラメトリック法の章において少し一般的な形で定義されているが，以下ではこの文脈に合わせた表現で改めて定義を与える．もちろん，内容的には同等である．

**[定義 5.9（ガトー微分可能）]** ある $F, H \in \mathcal{F}$ について，線形汎関数 $L_F$ が存在して

$$\lim_{t \to 0} \left\{ \frac{T(F + t(H - F)) - T(F)}{t} - L_F(H - F) \right\} = 0 \tag{5.18}$$

が成り立つとき，$T$ は $F$ でガトー微分可能であるといい，また $L_F$ をガトー微分という．

**[定義 5.10（アダマール微分可能）]** $\mathcal{F}$ 上の距離を $\rho$ とする．ある $F \in \mathcal{F}$ について，関数列 $\{G_k\}$ が $\lim_{k \to \infty} \rho(G_k, F) = 0$ を満たすとする．また，$\lim_{k \to \infty} t_k = 0$ とする．このとき，

$$\lim_{k \to \infty} \left\{ \frac{T(F + t_k(G_k - F)) - T(F)}{t_k} - L_F(G_k - F) \right\} = 0$$

を満たす線形汎関数 $L_F$ が存在するなら $T$ は $F$ で $\rho$-アダマール微分可能であるという. また, $L_F$ をアダマール微分という.

ガトー微分は $F$ に対して固定された $H$ の方向から近づいてくるときの微分を考えており, アダマール微分は近づいてくる方向が固定されていない. さらに強い条件を課すのが以下の定義である. フレシェ微分は 3.3.2 項でも定義されているが, 統計的汎関数では分布関数しか考えないのでそれに合わせてもう一度定義しておく.

**[定義 5.11 (フレシェ微分可能)]**  $\mathcal{F}$ 上の距離を $\rho$ とする. ある $F \in \mathcal{F}$ について, 関数列 $\{G_k\}$ が $\lim_{k \to \infty} \rho(G_k, F) = 0$ を満たすとする. このとき,

$$\lim_{k \to \infty} \frac{T(G_k) - T(F) - L_F(G_k - F)}{\rho(G_k, F)} = 0$$

を満たす線形汎関数 $L_F$ が存在するなら $T$ は $F$ で $\rho$-フレシェ微分可能であるという. また, $L_F$ をフレシェ微分という.

フレシェ微分可能ならばアダマール微分可能であり, アダマール微分可能ならガトー微分可能である. フレシェ微分可能なら, 三つの微分は一致する.

まず統計的汎関数に関する影響関数を定義し, それを用いて中心極限定理を述べ, 証明する. それを使って統計汎関数のブートストラップ分布を導出する. $\{X_1, \ldots, X_n\}$ を分布 $F(x)$ からの無作為標本とし, その経験分布を $\hat{F}$ とする. また, 点 $y$ での一点分布の分布関数を $\delta_y(x) = 1(y \leq x)$ とする.

**[定義 5.12 (影響関数)]**  $S(\hat{F})$ を統計的汎関数として,

$$\phi_{S,F}(y) = \lim_{\epsilon \to 0} \frac{S((1 - \epsilon)F + \epsilon \delta_y) - S(F)}{\epsilon}$$

を $S$ の $y$ における影響関数という.

一定の条件下で, $S$ が $F$ でフレシェ微分可能であれば $L_F$ は

$$L_F(G - F) = \int \phi_{S,F} dG$$

の形で書けて，また $\int \phi_{S,F} dF = 0$ である（Huber (1981) p.37, Proposition 5.1 参照）.

[**定理 5.13**]　$T$ が $F$ で $d_\infty$-フレシェ微分可能で，そのフレシェ微分を $\phi_{T,F}(\cdot)$ とする．$0 < E[\phi_{T,F}(X_1)^2] < \infty$ であるならば，中心極限定理

$$\sqrt{n}\{T(\hat{F}) - T(F)\} \xrightarrow{d} N(0, E[\phi_{T,F}(X_1)^2]) \tag{5.19}$$

が成り立つ.

**証明**　証明の概要は以下の通りである．$T$ は $F$ でフレシェ微分可能であるから，ガトー微分可能である．したがって，(5.18) より，$T$ の $y$ における影響関数は

$$\phi_{T,F}(y) = \lim_{\epsilon \to 0} \frac{T(F + \epsilon(\delta_y - F)) - T(F)}{\epsilon} = L_F(\delta_y - F)$$

となる．$y$ に $X_i$ を代入して $i$ について平均をとると，$L_F$ の線形性と $\frac{1}{n}\sum_{i=1}^n \delta_{X_i}(x) = \frac{1}{n}\sum_{i=1}^n 1(X_i \le x) = \hat{F}(x)$ を用いて

$$\begin{aligned}
\frac{1}{n}\sum_{i=1}^n \phi_{T,F}(X_i) &= \frac{1}{n}\sum_{i=1}^n L_F(\delta_{X_i} - F) \\
&= L_F\left(\frac{1}{n}\sum_{i=1}^n (\delta_{X_i} - F)\right) \\
&= L_F(\hat{F} - F)
\end{aligned}$$

を得る．他方，フレシェ微分可能性から

$$\begin{aligned}
R_n &= \frac{\{T(\hat{F}) - T(F)\} - L_F(\hat{F} - F)}{d_\infty(\hat{F}, F)} \\
&= o_p(1)
\end{aligned}$$

が成り立つ．これらの結果から $L_F(\hat{F} - F)$ を消去すると

$$\sqrt{n}\{T(\hat{F}) - T(F)\} = \frac{1}{\sqrt{n}}\sum_{i=1}^n \phi_{T,F}(X_i) + \sqrt{n}\, d_\infty(\hat{F}, F) R_n \tag{5.20}$$

となる．Dvoretzky, Kiefer and Wolfowitz の不等式（定理 1.3）から

$\sqrt{n}\, d_\infty(\hat{F}, F) = O_p(1)$ なので，$R_n = o_p(1)$ から (5.20) の右辺第二項は無視できる．$E[\phi_{T,F}(X_1)] = 0,\ 0 < E[\phi_{T,F}(X_1)^2] < \infty$ のもとで，リンドバーグの中心極限定理より

$$\frac{1}{\sqrt{n}} \sum_{i=1}^n \phi_{T,F}(X_i) \xrightarrow{d} N(0, E[\phi_{T,F}(X_1)^2])$$

であるから，(5.19) を得る． ∎

実は，フレシェ微分可能の条件を弱めて，$T$ が $F$ で $d_\infty$-アダマール微分可能であっても同じ中心極限定理が成り立つ（Fernholz (1983) 参照）．

以上の準備をふまえて，統計的汎関数 $T(\hat{F})$ のブートストラップ分布を考える．$T(F_0)$ の自然な推定量 $T_n = T(\hat{F})$ とそのブートストラップ統計量 $T_n^* = T(\hat{F}^*)$ について分布関数

$$G_n(z) = P(T(\hat{F}) - T(F_0) \leq z)$$

とブートストラップ分布

$$\bar{G}_n^*(z) = P^*(T(\hat{F}^*) - T(\hat{F}) \leq z)$$

を考える．$\hat{F}^*$ はブートストラップ標本 $\{X_1^*, \ldots, X_n^*\}$ の経験分布である．このとき，以下の定理が成り立つ．

[**定理 5.14**] $T$ は $F_0$ において $d_\infty$-フレシェ微分可能で，その影響関数 $\phi_{T,F_0}(x)$ が $0 < E[\phi_{T,F_0}^2(X_1)] < \infty$ を満たすとする．このとき，

$$d_\infty(\bar{G}_n^*(z), G_n(z)) \xrightarrow{p} 0$$

が成り立つ．

厳密な証明は複雑なため，証明の概要のみ記す（厳密な証明は Gill et al. (1989) を参照）．(5.20) の導出と同様の計算から，

$$\sqrt{n}\{T(\hat{F}^*) - T(\hat{F})\} = \frac{1}{\sqrt{n}} \sum_{i=1}^n \phi_{T,F}(X_i^*) + R_n^*$$

が得られる. ここで, $d_\infty$-フレシェ微分可能性より, ある $\delta_\epsilon > 0$ が存在して, $d_\infty(\hat{F}^*, \hat{F}) < \delta_\epsilon$ ならば常に

$$|R_n^*| < \epsilon \sqrt{n}\, d_\infty(\hat{F}^*, \hat{F})$$

が成り立つ. これを用いると, 任意の $\epsilon_0 > 0$ に対して,

$$P^*(|R_n^*| > \epsilon_0)$$
$$= P^*(|R_n^*| > \epsilon_0, d_\infty(\hat{F}^*, \hat{F}) \le \delta_\epsilon) + P^*(|R_n^*| > \epsilon_0, d_\infty(\hat{F}^*, \hat{F}) > \delta_\epsilon)$$
$$\le P^*(|R_n^*| > \epsilon_0, |R_n^*| < \epsilon \sqrt{n}\, d_\infty(\hat{F}^*, \hat{F})) + P^*(d_\infty(\hat{F}^*, \hat{F}) > \delta_\epsilon)$$
$$\le P^*(\sqrt{n}\, d_\infty(\hat{F}^*, \hat{F}) > \epsilon_0/\epsilon) + P^*(d_\infty(\hat{F}^*, \hat{F}) > \delta_\epsilon)$$

となる. ここで, Dvoretzky, Kiefer and Wolfowitz の不等式 (定理 1.3) から

$$P^*(\sqrt{n}\, d_\infty(\hat{F}^*, \hat{F}) > \epsilon_0/\epsilon) \le 2\exp\left(-\frac{2\epsilon_0^2}{\epsilon^2}\right)\ a.s.$$

$$P^*(d_\infty(\hat{F}^*, \hat{F}) > \delta_\epsilon) \le 2\exp(-2n\delta_\epsilon^2)\ a.s.$$

が成り立つ. $\epsilon$ は任意に小さくとってよいので, $P^*(|R_n^*| > \epsilon_0) \overset{a.s.}{\to} 0$ が成り立つ. 最後に,

$$\frac{1}{\sqrt{n}} \sum_{i=1}^{n} \phi_{T,F}(X_i^*) \overset{d}{\to} N(0, E[\phi_{T,F}(X_1)^2])$$

は定理 5.5 の証明の後半部より明らかである.

### 5.3.3  ブートストラップ法によるモーメント推定

　一次の漸近理論の精度が良くないといった理由で推定量の分散の推定が困難な状況では, ブートストラップ法によって漸近分散が推定されることが多い. すでに例の形で推定量のバイアスや分散といったモーメントの推定に関して触れたが, それが漸近的に正当化されるか, もう少し厳密に考えてみよう. ある推定量が適当な変換を施して極限分布 $G$ を持ち, Mallows-Wasserstein (MW) の距離 $\rho_2(G_n^*, G) \overset{a.s.}{\to} 0$ の意味で一致性が成り立つ場合は, モーメントに関する収束が保証される. つまり, その分散 $\int x^2 dG_n^* - (\int x dG_n^*)^2$ が極限分布の分散 $\int x^2 dG - (\int x dG)^2$ に収束する. しかし, $d_\infty(G_n^*, G) \overset{a.s.}{\to} 0$ の

意味でブートストラップ分布が一致性を持つときには，その分散 $\int x^2 dG_n^* - (\int x dG_n^*)^2$ が極限分布の分散 $\int x^2 dG - (\int x dG)^2$ に収束するためには追加的な条件が必要である．分布関数の収束とモーメントの収束の間には以下の関係がある (Billingsley (1995), p.338, Corollary).

[**補題 5.15**] $r$ を自然数とする．$Y_n \overset{d}{\to} Y$ かつ $\sup_n E[|Y_n|^{r+\epsilon}] < \infty$ を満たす $\epsilon > 0$ が存在するなら，$E[|Y|^r] < \infty$ と $E[Y_n^r] \to E[Y^r]$ が成立する．

　これを使うと，分散の一致性が成り立つためには

$$\int x^{2+\epsilon} dG_n^* = O(1) \ a.s.$$

つまり

$$E^* |\sqrt{n}(T_n^* - T_n)|^{2+\epsilon} = O(1) \ a.s.$$

であることを示せばよいことがわかる．

　一般に，推定量の分散がブートストラップによってうまく近似されるかどうかに興味があるので，以下のように一致性を定義する．$V_n = Var(T_n)$, $V_n^* = Var^*(T_n^*)$ として，$n \to \infty$ のときに

$$\frac{V_n^*}{V_n} \overset{p}{\to} 1$$

が成り立てば，$V_n^*$ は $V_n$ に対して弱い一致性を持つといい，

$$\frac{V_n^*}{V_n} \overset{a.s.}{\to} 1$$

が成り立てば，$V_n^*$ は $V_n$ に対して強い一致性を持つという．実は，$V_n$ がある正の定数に収束しても，$V_n^*$ が発散する例を作ることができる．例えば，Ghosh et al. (1984) は，標本メディアンは適当に標準化すれば漸近正規性を持つけれども，分布の裾に関する制約を課さなければブートストラップ分散が確率1で発散することを示している．統計量 $T_n = T(X_1, \ldots, X_n)$ のブートストラップ分散の一致性を保証する十分条件を記述するために，以下の量を定義する．$q \in (0, 1/2)$ なる定数 $q$ について，$\liminf_n \tau_n > 0$, $\tau_n = O(\exp(n^q))$ を満たす正の数列を $\tau_n$ とし

$$Q_n = \max_{1 \le i_1, \ldots, i_n \le n} \frac{|T(X_{i_1}, \ldots, X_{i_n}) - T(X_1, \ldots, X_n)|}{\tau_n}$$

とする. つまり, $Q_n$ は極端に偏ったブートストラップ標本が抽出されたとき
に, $|T(X_1^*, \ldots, X_n^*) - T(X_1, \ldots, X_n)|$ が最大でどれくらい大きな値になって
しまうかを計算したものである.

　以下の定理 5.17 は, $E[X_1] = \mu$ の関数 $g(\mu)$ の推定量 $g(\bar{X})$ の分散 $V_n = Var(g(\bar{X}))$ を $V_n^* = Var^*\{g(\bar{X}^*)\} = E^*\{g(\bar{X}^*) - g(\bar{X})\}^2$ によってブート
ストラップ近似できることを示している. ここで, $T(X_1, \ldots, X_n) = g(\bar{X})$ で
ある. この定理は Shao and Tu (1995, Theorem 3.8) によるが, まずその証
明で用いる Marcinkiewitz の大数の強法則を紹介する.

**[定理 5.16 (Marcinkiewitz の大数の強法則)]**　$X_1, \ldots, X_n$ を i.i.d. の確率
変数とし, ある $p \in (0, 1)$ に対し, $E|X_1|^p < \infty$ とする. このとき,

$$\frac{1}{n^{1/p}} \sum_{i=1}^{n} |X_i| \overset{a.s.}{\to} 0$$

が成り立つ.

　以下の結果は, Shao and Tu (1995, Theorem 3.8) による.

**[定理 5.17 ($g(\bar{X})$ のブートストラップ分散)]**　$E[X_1^2] = \sigma^2 < \infty$, $g(x)$ は
$x = \mu$ の近傍で連続微分可能, $dg(\mu)/dx \ne 0$ とする.

$$Q_n = \max_{i_1, \ldots, i_n} \frac{|g(\frac{1}{n} \sum_{j=1}^n X_{i_j}) - g(\bar{X})|}{\tau_n} \overset{a.s.}{\to} 0$$

なら,

$$\frac{V_n^*}{V_n} \overset{a.s.}{\to} 1$$

が成り立つ.

**証明**　$\sqrt{n}\{g(\bar{X}) - g(\mu)\} \approx \sqrt{n}(\bar{X} - \mu)g'(\mu)$ であるから, 仮定の下で

$$\sqrt{n}\{g(\bar{X}) - g(\mu)\} \overset{d}{\to} N(0, g'(\mu)^2 \sigma^2)$$

が成立する. また, 定理 5.7 より

$$\sup_x |P^*(\sqrt{n}\{g(\bar{X}^*) - g(\mu^*)\} \leq x) - P(\sqrt{n}\{g(\bar{X}) - g(\mu)\} \leq x)| = o(1) \ a.s.$$

が成立する.したがって,上の議論から,$\delta > 0$ に対して

$$E^*|\sqrt{n}\{g(\bar{X}^*) - g(\mu^*)\}|^{2+\delta} = O(1) \ a.s. \tag{5.21}$$

を示せばよいことがわかる.いま,上と同様に定数列 $\tau_n$ をとって,

$$\Delta_n^* = \begin{cases} \tau_n, & \text{if } g(\bar{X}^*) - g(\mu^*) > \tau_n \\ g(\bar{X}^*) - g(\mu^*), & \text{if } |g(\bar{X}^*) - g(\mu^*)| \leq \tau_n \\ -\tau_n, & \text{if } g(\bar{X}^*) - g(\mu^*) < -\tau_n \end{cases}$$

とおく.$Q_n \overset{a.s.}{\to} 0$ より,任意の $\epsilon > 0$ に対して $N_0 > 0$ が存在して

$$P(Q_n > \epsilon, \text{ for some } n > N_0) = 0$$

となる.また,$E^*|g(\bar{X}^*) - g(\mu^*)|^{2+\delta} \neq E^*|\Delta_n^*|^{2+\delta}$ ならば $|g(\bar{X}^*) - g(\mu^*)| \neq |\Delta_n^*|$ が成り立つので,

$$P(E^*|\{g(\bar{X}^*) - g(\mu^*)\}|^{2+\delta} \neq E^*|\Delta_n^*|^{2+\delta}, \text{ for some } n > N_0)$$

$$\leq P(|\{g(\bar{X}^*) - g(\mu^*)\}| \neq |\Delta_n^*|, \text{ for some } n > N_0)$$

$$= P(|g(\bar{X}^*) - g(\mu^*)| > \tau_n, \text{ for some } n > N_0)$$

$$= P\left(\frac{|g(\bar{X}^*) - g(\mu^*)|}{\tau_n} > 1, \text{ for some } n > N_0\right)$$

$$\leq P(Q_n > 1, \text{ for all } n > N_0)$$

$$\to 0$$

を得る.したがって,(5.21) を証明するには,

$$E^*|\sqrt{n}\Delta_n^*|^{2+\delta} = O(1) \ a.s.$$

を示せばよい.

$\delta = 2$ とする.$g(x)$ は $x = \mu$ の近傍で連続微分可能なので,$|x - \mu| < 2\eta$ なら $\{dg(x)/dx\}^2 < M$ を満たすような正の数 $\eta, M$ が存在する.よって,

$$E^* |\sqrt{n}\Delta_n^*|^4$$

$$= n^2 E^* \{|\Delta_n^*|^4 1(|\bar{X}^* - \mu^*| < \eta)\} + n^2 E^* \{|\Delta_n^*|^4 1(|\bar{X}^* - \mu^*| \geq \eta)\}$$

$$\leq n^2 E^* \{|g(\bar{X}^*) - g(\mu^*)|^4 1(|\bar{X}^* - \mu^*| < \eta)\} + n^2 E^* \{\tau_n^4 1(|\bar{X}^* - \mu^*| \geq \eta)\}$$

$$\leq n^2 M^2 E^* |\bar{X}^* - \mu^*|^4 + n^2 \tau_n^4 P^* (|\bar{X}^* - \mu^*| \geq \eta) \tag{5.22}$$

である.

$$n^2 E^* |\bar{X}^* - \mu^*|^4$$

$$= \frac{1}{n^2} \sum_{i=1}^n (X_i - \mu^*)^4 + \frac{6}{n^2} \sum_{i=1}^n \sum_{j \neq i}^n (X_i - \mu^*)^2 (X_j - \mu^*)^2 + \frac{1}{n^2} \mu^{*4}$$

で, (5.22) の第一項について, $E[X_1^2] = \sigma^2 < \infty$ なので Marcinkiewitz の大数の強法則より

$$\frac{1}{n^2} \sum_{i=1}^n (X_i - \mu^*)^4 \overset{a.s.}{\to} 0$$

さらに大数の強法則より

$$\frac{1}{n} \sum_{j=1}^n (X_i - \mu^*)^2 \overset{a.s.}{\to} \sigma^2$$

$$\bar{X} \overset{a.s.}{\to} \mu$$

が成り立つので

$$n^2 E^* |\bar{X}^* - \mu^*|^4 = O(1) \ a.s.$$

であることがわかる. また, (5.22) の右辺の第二項については, 次のようにして有界性が示される. $Y = 2 \max_i |X_i|$ とおくと $P^* (|X_i^* - \mu^*| \leq Y) = 1$ が成り立つので, Bernstein の不等式 (例えば Serfling (1980), p.95 参照) により,

$$P^* (|\bar{X}^* - \mu^*| \geq \eta) \leq 2 \exp \left\{ -\frac{\sqrt{n}\eta^2}{\frac{2}{\sqrt{n}} Var^* (X_1^*) + \frac{2}{3\sqrt{n}} \eta Y} \right\}$$

が成り立つ．右辺の分母の第一項について，

$$\frac{1}{\sqrt{n}} Var^*(X_1^*) = \frac{1}{n^{3/2}} \sum_{i=1}^n (X_i - \mu^*)^2 \overset{a.s.}{\to} 0$$

であり，また例えば Owen (1990) の Lemma 3 に示されているように $E[X_1^2]$ $< \infty$ の条件下で

$$\frac{1}{\sqrt{n}} Y \overset{a.s.}{\to} 0$$

であるから，$q \in (0, 1/2)$ に注意して，

$$n^2 \tau_n^4 P^*(|\bar{X}^* - \mu^*| \geq \eta)$$
$$\leq C \exp\left\{ 2\log n + 4n^q - \frac{\sqrt{n}\eta^2}{\frac{2}{\sqrt{n}} Var^*(X_1^*) + \frac{2}{3\sqrt{n}}\eta Y} \right\}$$
$$\overset{a.s.}{\to} 0$$

以上より，(5.22) の有界性が示された． ∎

　この定理では，$Q_n \overset{a.s.}{\to} 0$ を仮定した．これが成立する一例を示そう．$g(x) = x^2$ とし，単純化のために $X$ のサポートを $[0, \infty)$ とする．$n$ が十分大きければ，$|g(\frac{1}{n}\sum_{j=1}^n X_{i_j}) - g(\bar{X})|$ が最大になる $i_1, \ldots, i_n$ は，$i_1 = i_2 = \cdots = i_n = i_{max}$ であることは明らかである．ただし，$i_{max}$ は $X_1, \ldots, X_n$ の最大値の添え字である．つまり，

$$Q_n = \max_{i_1, \ldots, i_n} \frac{|(\frac{1}{n}\sum_{j=1}^n X_{i_j})^2 - \bar{X}^2|}{\tau_n} = \frac{X_{i_{max}}^2 - \bar{X}^2}{\tau_n}$$

となる．しかし，極値理論の結果から，最大値の分布の収束のオーダーはたかだか $n^\alpha$（$\alpha$ は定数）なので，$\tau_n$ よりも発散が遅く，$Q_n$ は 0 に収束する．

　$Q_n \overset{a.s.}{\to} 0$ は $E^*|g(\bar{X}^*) - g(\mu^*)|^{2+\delta}$ を $E^*|\Delta_n^*|^{2+\delta}$ によって近似できることを保証する仮定である．逆に，$V_n^*$ ではなく $V_{n\Delta} = E^*[\Delta_n^{*2}]$ によって分散を推定することが考えられる．その場合は，$Q_n \overset{a.s.}{\to} 0$ の仮定は不要であり，また Shao (1990, 1992) は $V_{n\Delta}^*$ の方が良い推定になっている可能性を指摘している．

　この定理を，ほぼそのまま汎関数に拡張することができる．

**[定理 5.18 (汎関数のブートストラップ分散)]** $T$ は $F$ で $d_\infty$-フレシェ微分可能で, その影響関数 $\phi_{T,F}(x)$ について $\sigma^2 = E[\phi_{T,F}(X_1)^2] < \infty$ であるとする. また, $Q_n \overset{a.s.}{\rightarrow} 0$ とする. このとき,

$$\frac{V_n^*}{\sigma^2/n} \overset{p}{\rightarrow} 1$$

が成り立つ.

証明は $g(\bar{X})$ の場合と同様にできるため省略する. 興味ある読者は Shao (1992), Shao and Tu (1995), その参考文献を参照のこと. また, 微分可能性の仮定を強めることによって, 結果を概収束に強めることができる.

## 5.3.4 カーネル密度推定量の MSE のブートストラップ推定とバンド幅選択

1.2.5 項において, ノンパラメトリック密度関数や回帰関数において MSE を最小化するようにバンド幅を選択する方法を紹介した. 1 次元の連続確率変数のカーネル密度推定量は

$$\hat{f}(x) = \frac{1}{nh} \sum_{i=1}^{n} K\left(\frac{x - X_i}{h}\right)$$

であり, その MSE は

$$MSE = E[\{\hat{f}(x) - f(x)\}^2] = E\left[\{\hat{f}(x) - E[\hat{f}(x)]\}^2\right] + \{E[\hat{f}(x)] - f(x)\}^2$$
$$= Var(\hat{f}(x)) + bias\{\hat{f}(x)\}^2$$

である. ここで分散とバイアスの大きさにトレードオフがあるため, MSE 最小化の意味で最適なバンド幅が決められる. これは真の関数 $f$ を含む量なので未知であるが, ブートストラップ法によって推定することが考えられる. つまり, $X_1^*, \ldots, X_n^*$ をノンパラメトリックブートストラップ標本, $\hat{f}(x)^* = \frac{1}{nh} \sum_{i=1}^{n} K(\frac{x - X_i^*}{h})$ として,

$$MSE^* = E^*[\{\hat{f}(x)^* - \hat{f}(x)\}^2]$$

である. しかし, これは MSE の良い近似になっていない. なぜなら, これを

MSE の表現と同様に分散とバイアスに分解してみると，

$$E^*[\{\hat{f}(x)^* - \hat{f}(x)\}^2] = E^*[\{\hat{f}(x)^* - E^*[\hat{f}(x)^*]\}^2] + \{E^*[\hat{f}(x)^*] - \hat{f}(x)\}^2$$
$$= Var^*(\hat{f}(x)^*) + bias^*\{\hat{f}^*(x)\}^2$$

となるが，

$$E^*[\hat{f}(x)^*] = E^*\left\{\frac{1}{nh}\sum_{i=1}^{n}K\left(\frac{x - X_i^*}{h}\right)\right\}$$
$$= E^*\left\{\frac{1}{h}K\left(\frac{x - X_1^*}{h}\right)\right\}$$
$$= \frac{1}{nh}\sum_{i=1}^{n}K\left(\frac{x - X_i}{h}\right)$$
$$= \hat{f}(x)$$

であるために，結果的にバイアスが 0 になってしまうからである．したがって，$MSE^*$ では分散とバイアスのトレードオフの関係を再現することができず，バンド幅選択には使えないことになる．この問題を解決するために，Faraway and Jhun (1990)，Taylor (1989) は平滑化ブートストラップ（smoothed bootstrap）を用いた．これは，経験分布関数ではなく，カーネル密度推定量からブートストラップ標本を取り出す方法である．

カーネル関数 $K$ を密度関数と見て，$\mathcal{X}$ と独立に $K$ から取り出した無作為標本を $v_i$，$i = 1,\ldots,n$ とするとき，$X_i^+ = X_i^* + hv_i$，$i = 1,\ldots,n$ を平滑化ブートストラップ標本という．これを用いたカーネル密度推定量を $\hat{f}(x)^+ = \frac{1}{nh}\sum_{i=1}^{n}K(\frac{x - X_i^+}{h})$ とすると，MSE のブートストラップ近似は

$$MSE^+ = E^*\{\hat{f}(x)^+ - \hat{f}(x)\}^2$$

によって得られる．なお，$E^*$ はこれまで通り，$\mathcal{X}$ を条件付けた条件付き期待値である．次に示す通り，平滑化ブートストラップ標本は $\hat{f}$ からの無作為標本になっている．$\mathcal{X}$ を条件とする $X_1^+$ の分布関数は

$$P(X_1^+ \le x|\mathcal{X}) = P(X_1^* + hv_1 \le x|\mathcal{X}) = E[1(X_1^* + hv_1 \le x)|\mathcal{X}]$$

$$= E\left[\frac{1}{n}\sum_{i=1}^{n} 1(X_i + hv_1 \le x)\middle|\mathcal{X}\right]$$

$$= \frac{1}{n}\sum_{i=1}^{n} E[1(X_i + hv_1 \le x)|X_i]$$

$$= \frac{1}{n}\sum_{i=1}^{n} P\left(v_1 \le \frac{x-X_i}{h}\middle|X_i\right) = \frac{1}{n}\sum_{i=1}^{n}\int_{-\infty}^{\frac{x-X_i}{h}} K(t)dt$$

である．したがって，$\mathcal{X}$ を条件とする $X_1^+$ の密度関数は

$$f_{X_1^+}(x) = \frac{1}{nh}\sum_{i=1}^{n} K\left(\frac{x-X_i}{h}\right) = \hat{f}(x)$$

となる．$MSE^+$ を分散とバイアスに分解してみると，

$$MSE^+ = E[\{\hat{f}(x)^+ - E[\hat{f}(x)^+|\mathcal{X}]\}^2|\mathcal{X}] + \{E[\hat{f}(x)^+|\mathcal{X}] - \hat{f}(x)\}^2$$

であり，バイアス部分は

$$E[\hat{f}(x)^+|\mathcal{X}] - \hat{f}(x) = E\left[\frac{1}{nh}\sum_{i=1}^{n} K\left(\frac{x-X_i^+}{h}\right)\middle|\mathcal{X}\right] - \hat{f}(x)$$

$$= \frac{1}{h}E\left[K\left(\frac{x-X_1^+}{h}\right)\middle|X_1\right] - \hat{f}(x)$$

$$= \frac{1}{h}\int K\left(\frac{x-y}{h}\right)\hat{f}(y)dy - \hat{f}(x)$$

$$= \int K(u)\hat{f}(x-hu)du - \hat{f}(x)$$

となる．$E\hat{f}(x) - f(x) = \int K(u)f(x-hu)du - f(x)$ であったから，これは
うまくバイアスを推定していることがわかる．ここでは，議論を単純化するた
めに平滑化ブートストラップ標本を取り出す密度関数を $\hat{f}$ そのものとしたが，
異なるバンド幅 $g$ を用いたカーネル密度関数 $\tilde{f}(x) = \frac{1}{ng}\sum_{i=1}^{n} K(\frac{x-X_i}{g})$ から
取り出すことを考えてもよい．Faraway and Jhun (1990)，Taylor (1989)，
Marron (1992) らは，そういった可能性も含めて

$$\min_h MSE^+$$

となるようにバンド幅を選ぶことを提案し，その性質を調べている．

## 5.4　ブートストラップ法の高次漸近理論

漸近的に pivotal な量については，ブートストラップ法による分布近似は，一定の条件下で高次の漸近改良（higher order asymptotic refinement）をもたらす．たとえば，

$$G_n(z) = P\left(\frac{\sqrt{n}(\bar{X} - \mu)}{\sigma} \leq z\right)$$

$$\bar{G}_n^*(z) = P^*\left(\frac{\sqrt{n}(\bar{X}^* - \mu^*)}{\sigma^*} \leq z\right)$$

とすると，$E|X_1|^3 < \infty$ のとき Berry-Esseen の定理 (Feller (1971), p.542) によって

$$d_\infty(G_n(z), \Phi(z)) = O(n^{-1/2}) \tag{5.23}$$

であるが，次の定理が成り立つ．これは Singh (1981) による．

**[定理 5.19]** $X_1$ の分布が非格子的（non-lattice）で，$E|X_1|^3 < \infty$ であるとき，

$$d_\infty(\bar{G}_n^*(z), G_n(z)) = o(n^{-1/2}) \ a.s.$$

が成り立つ．

この定理の結果と (5.23) を比較すると，$\bar{G}_n^*(z)$ は $\Phi(z)$ よりも $G_n(z)$ に対して良い近似を与えていることがわかる．証明は多少技術的になるので，方針の概略のみ記す．$\kappa_3 = E[(X_1 - \mu)^3]$，$\tilde{G}_n(z) = \Phi(z) - \frac{\kappa_3(z^2-1)}{6\sigma^3\sqrt{n}}\phi(z)$ として，標準化された標本平均について，エッジワース展開（Feller (1971), p.533 参照）

$$\sup_z |G_n(z) - \tilde{G}_n(z)| = o\left(\frac{1}{\sqrt{n}}\right)$$

が成り立つ. その導出と同様にして, ブートストラップ分布においても
$\tilde{G}_n^*(z) = \Phi(z) - \frac{\kappa_3^*(z^2-1)}{6\sigma^{*3}\sqrt{n}}\phi(z)$ として

$$\sup_z |\bar{G}_n^*(z) - \tilde{G}_n^*(z)| = o\left(\frac{1}{\sqrt{n}}\right) \ a.s.$$

が成立することが示される. ただし, $\kappa_3^* = E^*\{(X_1^* - \mu^*)^3\}$ である. したがって,

$$d_\infty(\bar{G}_n^*, G_n) \leq \sup_z |\bar{G}_n^* - \tilde{G}_n^*| + \sup_z |\tilde{G}_n^* - \tilde{G}_n| + \sup_z |\tilde{G}_n - G_n|$$

$$= \sup_z |\tilde{G}_n^* - \tilde{G}_n| + o\left(\frac{1}{\sqrt{n}}\right) \ a.s.$$

を得る. ここで, 右辺第一項については, $\kappa_3^* \overset{a.s.}{\to} \kappa_3$, $\sigma^{*2} \overset{a.s.}{\to} \sigma^2$ より,

$$\sup_z |\tilde{G}_n^* - \tilde{G}_n| = \frac{1}{\sqrt{n}}\left|\frac{\kappa_3^*}{\sigma^{*3}} - \frac{\kappa_3}{\sigma^3}\right|\sup_z\left|\frac{(z^2-1)}{6}\phi(z)\right|$$

$$= o\left(\frac{1}{\sqrt{n}}\right) \ a.s.$$

となって, 定理の結果を得る.

同様の結果が, スチューデント化した量 $(\bar{X} - \mu)/\hat{\sigma}$ についても成立することが知られている (例えば Babu and Singh (1983), Hall (1992) 参照). 重要な点は, どちらの場合も漸近的に pivotal な量になっている点である. 実際, 平均を引いただけの pivotal でない量については,

$$P(\sqrt{n}(\bar{X} - \mu) \leq z) = \Phi(z/\sigma) + R_n$$
$$P^*(\sqrt{n}(\bar{X}^* - \mu^*) \leq z) = \Phi(z/\sigma^*) + R_n^* \ a.s.$$

ただし $R_n = O(1/\sqrt{n})$, $R_n^* = O(1/\sqrt{n})$ a.s. である. $\sigma^* - \sigma = O(1/\sqrt{n})$ a.s. であることに注意してそれらの差をとると, 仮に $R_n^* - R_n = o(1/\sqrt{n})$ a.s. であったとしても

$$P^*(\sqrt{n}(\bar{X}^* - \mu^*) \leq z) - P(\sqrt{n}(\bar{X} - \mu) \leq z)$$
$$\approx \frac{z}{\sigma^2}\phi\left(\frac{z}{\sigma}\right)(\sigma^* - \sigma) + R_n^* - R_n$$
$$= O\left(\frac{1}{\sqrt{n}}\right) \ a.s.$$

となってしまい，高次の改良は得られないことがわかる．次の定理は，さらに高いオーダーのモーメントが存在する条件の下で，$\sqrt{n}(\bar{X} - \mu)$ の分布関数の収束のオーダーを定めるものである．

**[定理 5.20（ブートストラップ分布の収束のオーダー）]** $E[X_1^4] < \infty$ とする．このとき，$G_n(z) = P(\sqrt{n}(\bar{X} - \mu) \leq z)$ と $\bar{G}_n^*(z) = P^*(\sqrt{n}(\bar{X}^* - \mu^*) \leq z)$ について

$$\limsup_{n \to \infty} \frac{\sqrt{n}\, d_\infty(\bar{G}_n^*(z), G_n(z))}{\sqrt{\log \log n}} = \frac{\sqrt{Var((X_1 - \mu)^2)}}{2\sigma^2 \sqrt{\pi e}} \ a.s.$$

が成り立つ．

**証明** $N(0, \sigma^2)$ の分布関数を $\Phi_\sigma(z)$ とする．関数の引数 $z$ を省略することにして，

$$d_\infty(\bar{G}_n^*, G_n) \leq d_\infty(\bar{G}_n^*, \Phi_{\sigma^*}) + d_\infty(\Phi_{\sigma^*}, \Phi_\sigma) + d_\infty(\Phi_\sigma, G_n)$$

$$= d_\infty(\Phi_{\sigma^*}, \Phi_\sigma) + O\left(\frac{1}{\sqrt{n}}\right) \ a.s.$$

である．右辺第一項を $\sigma^{*2} = \sigma^2$ のまわりでのテイラー展開によって

$$d_\infty(\Phi_{\sigma^*}, \Phi_\sigma) = \sup_z |\Phi(z/\sqrt{\sigma^{*2}}) - \Phi(z/\sqrt{\sigma^2})|$$

$$= \sup_z \left| \frac{z}{2\sigma^3} \phi\left(\frac{z}{\sigma}\right)(\sigma^{*2} - \sigma^2) \right| + o\left(\frac{1}{\sqrt{n}}\right)$$

$$= \frac{1}{2\sqrt{2\pi e}\sigma^2}|\sigma^{*2} - \sigma^2| + o\left(\frac{1}{\sqrt{n}}\right) \ a.s.$$

となる．仮定より $E[X_1^4] < \infty$ であるから，重複対数の法則（例えば Billingsley (1995), Theorem 9. 参照）と $\bar{X} \overset{a.s.}{\to} \mu$ より，

$$\limsup_{n \to \infty} \frac{\sqrt{n}}{\sqrt{2\,Var((X_1 - \mu)^2)\log \log n}}|\sigma^{*2} - \sigma^2| = 1 \ a.s.$$

となり，定理の結果が示される． ∎

## 5.5　ブートストラップ法の限界

　ここまで，ブートストラップ法がうまく機能する条件を考えてきた．最後に，正則条件が満たされていないために機能しない例をいくつか紹介しよう．すでに定理5.6で見たとおり，$Var(X_1) = \infty$ のときには，標本平均のブートストラップ分布は一致性を持たない．その結果は，例えば Babu (1984) や Athreya (1987) でも例示されている．

　次に定理5.7と同じ状況であるが，定理の正則条件が満たされない場合の結果を以下に紹介する．$\{X_1, \ldots, X_n\}$ を分布 $F_0$ からの無作為標本，$E[X_1] = \mu$, $Var(X_1) = \sigma^2 < \infty$ とする．

　まず，$g'(\mu) = dg(\mu)/dx = 0$, $g''(\mu) = d^2g(\mu)/dx^2 \neq 0$ であるとする．このとき，$g(\bar{X})$ を $\bar{X} = \mu$ で展開したときに一次微分の項が消えてしまうために，$\sqrt{n}$ でなく，$n$ で標準化することによって，以下のように分布収束する．

$$n\{g(\bar{X}) - g(\mu)\} = \frac{n}{2}g''(\mu + \lambda(\bar{X} - \mu))(\bar{X} - \mu)^2$$
$$= \frac{g''(\mu)}{2}\{\sqrt{n}(\bar{X} - \mu)\}^2 + o_p(1)$$
$$\xrightarrow{d} \frac{g''(\mu)\sigma^2}{2}Z^2$$

ただし，$Z \sim N(0,1)$ で，$Z^2$ は自由度1の $\chi^2$ 確率変数である．他方，対応するブートストラップ分布は

$$n\{g(\bar{X}^*) - g(\bar{X})\}$$
$$= ng'(\bar{X})(\bar{X}^* - \bar{X}) + \frac{1}{2}g''(\bar{X} + \lambda(\bar{X}^* - \bar{X}))\{\sqrt{n}(\bar{X}^* - \bar{X})\}^2$$
$$= ng'(\bar{X})(\bar{X}^* - \bar{X}) + \frac{1}{2}g''(\bar{X})\{\sqrt{n}(\bar{X}^* - \bar{X})\}^2 + o_p(1)$$

である．第二項は大数の法則と定理5.5から $\frac{g''(\mu)\sigma^2}{2}Z^2$ に分布収束することがわかる．しかし，第一項は $g'(\mu) = 0$ なので

$$ng'(\bar{X})(\bar{X}^* - \bar{X}) = \{\sqrt{n}g'(\bar{X})\}\{\sqrt{n}(\bar{X}^* - \bar{X})\}$$
$$= \{\sqrt{n}g''(\mu)(\bar{X} - \mu) + o_p(1)\}\{\sqrt{n}(\bar{X}^* - \bar{X})\}$$

となるため，無視できないことがわかる．したがって，この場合はブートストラップ分布が元の量の分布をうまく近似できない．詳細は Shao (1994) を参

照のこと.

しかし, 5.3.1 項で触れた $m/n$ ブートストラップを用いると, 近似が可能である. いま, $n$ 個の観測値から $m$ 個をランダムに取り出し, その平均を $\bar{X}_m^*$ とする. ただし, $m < n$ で, $n \to \infty$ のとき $m \to \infty, m/n \to 0$ とする. このとき,

$$
m\{g(\bar{X}_m^*) - g(\bar{X})\}
$$
$$
= mg'(\bar{X})(\bar{X}_m^* - \bar{X}) + \frac{1}{2}g''(\bar{X} + \lambda(\bar{X}_m^* - \bar{X}))\{\sqrt{n}(\bar{X}_m^* - \bar{X})\}^2
$$
$$
= \frac{\sqrt{m}}{\sqrt{n}}\sqrt{n}g'(\bar{X})\sqrt{m}(\bar{X}_m^* - \bar{X}) + \frac{1}{2}g''(\bar{X})\{\sqrt{n}(\bar{X}_m^* - \bar{X})\}^2 + o_p(1)
$$
$$
= \frac{1}{2}g''(\mu)\{\sqrt{n}(\bar{X}_m^* - \bar{X})\}^2 + o_p(1) \xrightarrow{d} \frac{g''(\mu)\sigma^2}{2}Z^2
$$

が成り立つ.

$g(z)$ が $z = \mu$ で微分可能でなく, たとえば, $g(x) = |x|$, $\mu = 0$ の場合もブートストラップ法による分布の近似は機能しないことが示されている. しかし, この場合も, $m/n$ ブートストラップを使えばよい (Shao (1994)).

その他, よく知られている例として, 順序統計量の最大値や最小値, 興味のあるパラメータがパラメータ空間の端点である場合, 推定量が superefficient な場合等があり, それらについては Shao and Tu (1995) の 3.7 節, Horowitz (2001) の 2.1 節等を参照のこと. このような場合でも, $m/n$ ブートストラップを用いることによって, 一致性が回復されることが多い. 一般論としては, Politis, Romano and Wolf (1999) の定理 2.2.1 と系 2 で, $m \to \infty$, $m^2/n \to 0$ となるように $m$ をとれば, 元の根が分布収束する限りブートストラップ分布が一致性を持つことが示されている. また, その他にいくつかの例が Chernick (2008) の第 9 章に紹介されている.

# 参 考 文 献

[1] P. K. Andersen and R. D. Gill. Cox's regression model for counting processes: A large sample study. *Annals of Statistics*, 10:1100-1120, 1982.

[2] Donald W. K. Andrews. An empirical process central limit theorem for dependent non-identically distributed random variables. *Journal of Multivariate Analysis*, 38:187-203, 1991.

[3] Donald W. K. Andrews. Asymptotics for semiparametric econometric models via stochastic equicontinuity. *Econometrica*, 62:43-72, 1994.

[4] Donald W. K. Andrews. *Handbook of Econometrics vol.4*, chapter 2 Empirical Process Methods in Econometrics, pages 2247-2294. Elsevier Science, 1994.

[5] K. B. Athreya. Bootstrap of the mean in the infinite variance case. *The Annals of Statistics*, 15(2):724-731, 1987.

[6] G. Jogesh Babu and Kesar Singh. Inference on means using the bootstrap. *The Annals of Statistics*, pages 999-1003, 1983.

[7] Gutti Jogesh Babu. Bootstrapping statistics with linear combinations of chi-squares as weak limit. *Sankhyā: The Indian Journal of Statistics, Series A*, pages 85-93, 1984.

[8] Kent R. Bailey. Asymptotic equivalence between the Cox estimator and the general ML estimators of regression and survival parameters in the Cox model. *The Annals of Statistics*, 12(2):730-736, 1984.

[9] Rudolf Beran. Estimated sampling distributions: the bootstrap and competitors. *The Annals of Statistics*, 10(1):212-225, 1982.

[10] Peter J. Bickel and David A. Freedman. Some asymptotic theory for the bootstrap. *The Annals of Statistics*, 9(6):1196-1217, 1981.

[11] Peter J. Bickel, Chris A. J. Klaassen, Ya'acov Ritov, and Jon A. Wellner. *Efficient and Adaptive Estimation for Semiparametric Models*. Springer, 1998.

[12] Herman J. Bierens. Consistent model specification tests. *Journal of Econometrics*, 20:105-134, 1982.

[13] Herman J. Bierens. A consistent conditional moment test of functional form. *Econometrica*, pages 1443-1458, 1990.

[14] Herman J. Bierens and Werner Ploberger. Asymptotic theory of integrated conditional moment tests. *Econometrica*, 65:1129-1151, 1997.

[15] Patrick Billingsley. *Probability and Measure*. Wiley, 1995.

[16] Michael R. Chernick. *Bootstrap Methods: A Guide for Practitioners and Researchers, Second Edition*. Wiley-Interscience, 2008.

[17] Kai-Lai Chung. An estimate concerning the kolmogoroff limit distribution. *Trans. Amer. Math. Soc*, 67:36-50, 1949.

[18] D. R. Cox. Regression models and life-tables. *Journal of the Royal Statistical Society. Series B*, 34:187-220, 1972.

[19] Aryeh Dvoretzky, Jack Kiefer, and Jacob Wolfowitz. Asymptotic minimax character of the sample distribution function and of the classical multinomial estimator. *The Annals of Mathematical Statistics*, 27(3):642-669, 1956.

[20] Bradley Efron. Bootstrap methods: another look at the jackknife. *The Annals of Statistics*, 7(1):1-26, 1979.

[21] Vassiliy A. Epanechnikov. Non-parametric estimation of a multivariate probability density. *Theory of Probability & Its Applications*, 14(1):153-158, 1969.

[22] Jianqing Fan. Design-adaptive nonparametric regression. *Journal of the American statistical Association*, 87(420):998-1004, 1992.

[23] Jianqing Fan and Irene Gijbels. *Local Polynomial Modelling and Its Applications*, Monographs on Statistics and Applied Probability 66, Chapman & Hall/CRC, 1996.

[24] Julian J. Faraway and Myoungshic Jhun. Bootstrap choice of bandwidth for density estimation. *Journal of the American Statistical Association*, 85(412):1119-1122, 1990.

[25] Willliam Feller. *An Introduction to Probability Theory and Its Applications*, volume 2. Wiley, 1971.

[26] Luisa Turrin Fernholz. *Von Mises Calculus for Statistical Functionals*. Lecture Notes in Statistics 19, Springer, 1983.

[27] Malay Ghosh, William C. Parr, Kesar Singh, and G. Jogesh Babu. A note on bootstrapping the sample median. *The Annals of Statistics*, pages 1130-1135, 1984.

[28] Richard D. Gill, Jon A. Wellner, and Jens Præstgaard. Non-and semiparametric maximum likelihood estimators and the von mises method (part

1)[with discussion and reply]. *Scandinavian Journal of Statistics*, pages 97-128, 1989.

[29] Evarist Giné and Armelle Guillou. Rates of strong uniform consistency for multivariate kernel density estimators. In *Annales de l'Institut Henri Poincare (B) Probability and Statistics*, volume 38, pages 907-921. Elsevier, 2002.

[30] Evarist Giné and Joel Zinn. Necessary conditions for the bootstrap of the mean. *The Annals of Statistics*, 17(2):684-691, 1989.

[31] Emmanuel Guerre and Pascal Lavergne. Optimal minimax rates for nonparametric specification testing in regression models. *Econometric Theory*, 18:1139-1171, 2002.

[32] Peter Hall. Central limit theorem for integrated square error of multivariate nonparametric density estimators. *Journal of Multivariate Analysis*, 14:1-16, 1984.

[33] Peter Hall. *The Bootstrap and Edgeworth Expansion*. Springer, 1992.

[34] W. Härdle and E. Mammen. Comparing nonparametric versus parametric regression fits. *The Annals of Statistics*, 21:1926-1947, 1993.

[35] Wolfgang Härdle, Marlen Müller, Stefan Sperlich, and Axel Werwatz. *Nonparametric and Semiparametric Models*. Springer, 2004.

[36] Wolfgang Härdle and Thomas M. Stoker. Investigating smooth multiple regression by the method of average derivatives. *Journal of the American Statistical Association*, 84:986-995, 1989.

[37] Kohtaro Hitomi, Yoshihiko Nishiyama, and Ryo Okui. A puzzling phenomenon in semiparametric estimation problems with infinite-dimensional nuisance parameters. *Econometric Theory*, 24(06):1717-1728, 2008.

[38] Joel L. Horowitz. The bootstrap. *Handbook of Econometrics*, 5:3159-3228, 2001.

[39] Joel L. Horowitz. *Semiparametric and Nonparametric Methods in Econometrics*. Springer, 2009.

[40] Joel L. Horowitz and Enno Mammen. Nonparametric estimation of an additive model with a link function. *The Annals of Statistics*, 32(6):2412-2443, 2004.

[41] Joel L. Horowitz and Vladimir G. Spokoiny. An adaptive rate-optimal test of a parametric mean-regression model against a nonparametric alternative. *Econometrica*, 69:599-631, 2001.

[42] Peter J. Huber. Robust regression: asymptotics, conjectures and Monte Carlo. *The Annals of Statistics*, pages 799-821, 1973.

[43] Peter J. Huber. *Robust statistics*. Wiley, 1981.

[44] Hidehiko Ichimura. Semiparametric least squares (sls) and weighted sls

estimation of single-index models. *Journal of Econometrics*, 58:71-120, 1993.

[45] Hidehiko Ichimura. Computation of asymptotic distribution for semiparametric GMM estimators. *Unpublished manuscript*, 2004.

[46] Hidehiko Ichimura and Sokbae Lee. Characterization of the asymptotic distribution of semiparametric M-estimator. *Journal of Econometrics*, 159:252-266, 2010.

[47] Yu. I. Ingster. Asymptotically minimax hypothesis tesing for nonparametric alternatives, i. *Mathematical Methods of Statistics*, 2:85-114, 1993.

[48] Yu. I. Ingster. Asymptotically minimax hypothesis tesing for nonparametric alternatives, ii. *Mathematical Methods of Statistics*, 2:171-189, 1993.

[49] Yu. I. Ingster. Asymptotically minimax hypothesis tesing for nonparametric alternatives, iii. *Mathematical Methods of Statistics*, 2:249-268, 1993.

[50] Søren Johansen. An extension of Cox's regression model. *International Statistical Review*, 51(2):165-174, 1983.

[51] Olav Kallenberg. *Foundations of Modern Probability*. Springer, 2002.

[52] Roger W. Klein and Richard H. Spady. An efficient semiparametric estimator for binary response models. *Econometrica*, 61:387-421, 1993.

[53] A. N. Kolmogorov. Sulla determinazione empirica di una legge di distribuzione. *Giorn. Inst. Ital. Attuari*, 4:83-91, 1933.

[54] Erich L. Lehmann and Joseph P. Romano. *Testing Statistical Hypotheses*. Springer, 2005.

[55] O. B. Linton and W. Härdle. Estimation of additive regression models with known links. *Biometrika*, 83(3):529-540, 1996.

[56] Yue-pok Mack and Bernard W. Silverman. Weak and strong uniform consistency of kernel regression estimates. *Probability Theory and Related Fields*, 61(3):405-415, 1982.

[57] Péter Major. On the invariance principle for sums of independent identically distributed random variables. *Journal of Multivariate analysis*, 8(4):487-517, 1978.

[58] Enno Mammen. *When Does Bootstrap Work?: Asymptotic Results and Simulations*. Springer, 1992.

[59] Enno Mammen, Oliver Linton, and J. Nielsen. The existence and asymptotic properties of a backfitting projection algorithm under weak conditions. *The Annals of Statistics*, 27(5):1443-1490, 1999.

[60] J. S. Marron. Bootstrap bandwidth selection. *Exploring the Limits of Bootstrap*, pages 249-262, 1992.

[61] P. Massart. The Tight Constraint in the Dvoretzky-Kiefer-Wolfowitz Inequality. *The Annals of Probability*, 18(3):1269-1283, 1990.

[62] Georg Neuhaus. Asymptotic power properties of the cramér-von mises test under contiguous alternatives. *Journal of Multivariate Analysis*, 6:95-110, 1976.

[63] Whitney K. Newey. Convergence rates and asymptotic normality for series estimators. *Journal of Econometrics*, 79(1):147-168, 1997.

[64] Yoshihiko Nishiyama and Peter. M. Robinson. Edgeworth expansions for semiparametric averaged derivatives. *Econometrica*, 68:931-979, 2000.

[65] Art Owen. Empirical likelihood ratio confidence regions. *The Annals of Statistics*, 18(1):90-120, 1990.

[66] Adrian Pagan and Aman Ullah. *Nonparametric Econometrics*. Cambridge University Press, 1999.

[67] Emanuel Parzen. On estimation of a probability density function and mode. *The Annals of Mathematical Statistics*, 33(3):1065-1076, 1962.

[68] Dimitris N. Politis, Joseph P. Romano, and Michael Wolf. *Subsampling*. Springer, 1999.

[69] James L. Powell, James H. Stock, and Thomas M. Stoker. Semiparametric estimation of index coefficients. *Econometrica*, 57:1403-1430, 1989.

[70] B. L. S. Prakasa Rao. *Nonparametric functional estimation*. Academic Press, 1983.

[71] C. Radhakrishna Rao. *Linear Statistical Inference and Its Applications*. Wiley, 1973.

[72] Peter M. Robinson. Root-n-consistent semiparametric regression. *Econometrica*, 56:931-954, 1988.

[73] M. Rosenblatt. Remarks on some nonparametric estimates of a density function. *The Annals of Mathematical Statistics*, 27(3):832-837, 1956.

[74] David Ruppert and Matthew P. Wand. Multivariate locally weighted least squares regression. *The Annals of Statistics*, pages 1346-1370, 1994.

[75] Robert J. Serfling. *Approximation Theorems of Mathematical Statistics*, Wiley Series in Probability and Statistics, Wiley-Interscience, 1980.

[76] Jun Shao. Bootstrap estimation of the asymptotic variances of statistical functionals. *Annals of the Institute of Statistical Mathematics*, 42(4):737-752, 1990.

[77] Jun Shao. Bootstrap variance estimators with truncation. *Statistics & Probability Letters*, 15(2):95-101, 1992.

[78] Jun Shao. Bootstrap sample size in nonregular cases. *Proceedings of the American Mathematical Society*, 122(4):1251-1262, 1994.

[79] Jun Shao and Dongsheng Tu. *The Jackknife and Bootstrap*. Springer, 1995.

[80] Kesar Singh. On the asymptotic accuracy of efron's bootstrap. *The Annals of Statistics*, pages 1187-1195, 1981.

[81] Elias M. Stein. *Singular Integrals and Differentiability Properties of Functions*, Princeton Mathematical Series 30, Princeton University Press, 1970.

[82] Winfried Stute. The central limit theorem under random censorship. *The Annals of Statistics*, 23(2):422–439, 1995.

[83] Winfried Stute. Nonparametric model checks for regression. *The Annals of Statistics*, 25:613–641, 1997.

[84] Akio Suzukawa. Unbiased estimation of functionals under random censorship. *Journal of the Japan Statistical Society*, 34(2):153–172, 2004.

[85] Charles C. Taylor. Bootstrap choice of the smoothing parameter in kernel density estimation. *Biometrika*, 76(4):705–712, 1989.

[86] Anastasios A. Tsiatis. A large sample study of cox's regression model. *The Annals of Statistics*, 9:93–108, 1981.

[87] Aad W. van der Vaart. *Asymptotic Statistics*. Cambridge University Press, 2000.

[88] Aad W. van der Vaart and Jon A. Wellner. *Weak Convergence and Empirical Processes*. Springer, 1996.

[89] Matt P. Wand and M. Chris Jones. *Kernel Smoothing*. Chapman & Hall/CRC, 1995.

[90] Halbert White. Consequences and detection of misspecified nonlinear regression models. *Journal of the American Statistical Association*, 76:419–433, 1981.

[91] Shie-Shien Yang. A central limit theorem for the bootstrap mean. *The American Statistician*, 42(3):202–203, 1988.

[92] Eberhard Zeidler. *Nonlinear Functional Analysis and its Applications I Fixed-Point Theorems*. Springer, 1986.

[93] John Xu Zheng. A consistent test of functional form via nonparametric estimation techniques. *Journal of Econometrics*, 75:263–289, 1996.

# 索　　引

*Memorandum*

*Memorandum*

*Memorandum*

〈著者紹介〉

西山慶彦（にしやま よしひこ）

1996 年　名古屋大学情報文化学部　講師
2000 年　Ph.D.（London School of Economics and Political Sciences）
2001 年　名古屋大学大学院環境学研究科　助教授
2002 年　京都大学経済研究所　助教授
2005 年-現在　京都大学経済研究所　教授
専　攻　計量経済学，数理統計学

人見光太郎（ひとみ こうたろう）

1996 年　京都大学経済研究所　講師
1998 年　京都工芸繊維大学工芸学部　助教授
1999 年　Ph.D.（University of Rochester）
2011 年-現在　京都工芸繊維大学大学院工芸科学研究科　教授
専　攻　計量経済学，数理統計学

理論統計学教程：数理統計の枠組み

ノン・セミパラメトリック統計解析

*Non/Semiparametric*
*Statistical Analysis*

2023 年 6 月 30 日　初版 1 刷発行
2024 年 9 月 20 日　初版 2 刷発行

著　者　西山　慶彦　ⓒ 2023
　　　　人見光太郎

発行者　南條光章

発行所　**共立出版株式会社**

〒112-0006
東京都文京区小日向 4-6-19
電話番号　03-3947-2511（代表）
振替口座　00110-2-57035
www.kyoritsu-pub.co.jp

印　刷　大日本法令印刷

製　本　加藤製本

一般社団法人
自然科学書協会
会員

検印廃止
NDC 417.6

ISBN 978-4-320-11355-8

Printed in Japan

# 理論統計学教程

吉田朋広・栗木 哲 編

★統計理論を深く学ぶ際に必携の新シリーズ！
現代理論統計学の基礎を明瞭な言語で正確に提示し、最前線に至る
道筋を明らかにする。　　　　【各巻：A5判・上製本・税込価格】

## 従属性の統計理論

### 保険数理と統計的方法

清水泰隆 著／384頁・定価5060円 ISBN978-4-320-11351-0
保険数理の理論を、古典論から現代的リスク理論までの学術的な変遷と共に概観する。

### 時空間統計解析

矢島美寛・田中 潮 著／268頁・定価4180円 ISBN978-4-320-11352-7
「究極の統計科学」といえる時空間統計解析を、数学的な厳密性を犠牲にせずわかりやすく解説。

### 時系列解析

田中勝人 著／460頁・定価6160円 ISBN978-4-320-11354-1
時系列解析の統計理論に関して、比較的新しいトピックも含めて解説する。

＜続刊テーマ＞

確率過程と極限定理／確率過程の統計推測／レビ過程と統計推測／高頻度データの統計学／マル
コフチェイン・モンテカルロ法、統計計算／経験分布関数・生存解析

## 数理統計の枠組み

### 代数的統計モデル

青木 敏・竹村彰通・原 尚幸 著／288頁・定価4180円 ISBN978-4-320-11353-4
統計モデルに対する計算代数的アプローチについて、著者らの研究成果をもとに解説する。

### ノン・セミパラメトリック統計解析

西山慶彦・人見光太郎 著／206頁・定価3630円 ISBN978-4-320-11355-8
ノン・セミパラメトリックなアプローチによる推定と検定の手法を直感的に理解しやすく解説。

＜続刊テーマ＞

確率分布／統計的多変量解析／多変量解析における漸近的方法／統計的機械学習の数理／
統計的学習理論／統計的決定理論／ベイズ統計学／情報幾何、量子推定／極値統計学

## 共立出版

※定価、続刊テーマは予告なく変更される場合がございます。